上海建工装饰集团装饰工程关键技术丛书

匠心传承

Craftsmanship Inheritance Continues Urban Context

The Research and Application of Urban Renewal Technology in Architectural Decoration Engineering

延续城市文脉

建筑装饰工程城市更新技术研究与应用

上海市建筑装饰工程集团有限公司 / 编著

上海科学技术出版社

图书在版编目（CIP）数据

匠心传承　延续城市文脉：建筑装饰工程城市更新技术研究与应用 / 上海市建筑装饰工程集团有限公司编著. -- 上海：上海科学技术出版社，2024.1
（上海建工装饰集团装饰工程关键技术丛书）
ISBN 978-7-5478-6462-3

Ⅰ. ①匠… Ⅱ. ①上… Ⅲ. ①建筑装饰－工程施工－工程技术－应用－旧城改造－研究－上海 Ⅳ. ①TU984.251

中国国家版本馆CIP数据核字(2023)第242099号

内容提要

本书以上海市建筑装饰工程集团有限公司20多年来，深耕城市更新及建筑遗产保护领域建立的核心技术体系与重大工程实践为基础，聚焦工匠技艺和实践经验，结合城市更新政策及产业发展特征，详细阐述了历史建筑保护修缮、既有建筑改造与功能提升和数字化融合应用专项技术，并通过实际案例直观地呈现了建筑更新后的状态，形成一套便于城市更新实践者参考借鉴的技术专辑。本书作为建筑装饰工程关键技术丛书之一，是上海市建筑装饰工程集团有限公司对历史建筑保护修缮与既有建筑有机更新研究的重要成果展示，介绍了所承建的文物建筑和优秀历史建筑保护修缮，以及既有建筑更新改造与功能提升技术。全书内容总体呈现出系统性、完整性和创新性。期望通过本书传授历史建筑保护修缮技艺，传承城市更新经验做法，延续城市文脉，并以创新城市更新可持续模式引入新技术新业态，加强数字化保护技术应用，全力推进城市更新专项技术的有效应用。

匠心传承　延续城市文脉
——建筑装饰工程城市更新技术研究与应用
上海市建筑装饰工程集团有限公司　编著

上海世纪出版（集团）有限公司
上海科学技术出版社　出版、发行
（上海市闵行区号景路159弄A座9F-10F）
邮政编码 201101　www.sstp.cn
上海光扬印务有限公司印刷
开本 889×1194　1/16　印张 15.5
字数 360 千字
2024年1月第1版　2024年1月第1次印刷
ISBN 978-7-5478-6462-3/TU·344
定价：150.00元

编 委 会

主 编

李 佳

副主编

连 珍 王辉平

编 委

虞嘉盛 左 俊 叶智新 邹 翔 郭良倩 洪 潇
李 骋 蔡丽敏 张 扬 张谦南 姚骞骞 廖燕飞
赵晓阳 倪立莹 朱闻超 沈 磊 江旖旎 陆 琼
杜海玉 金 晶 程 朗 包忠良 董 胜 孔 晖
成 拓 于栋梁 陈 征 盛 韡 严奇妙 樊俊杰

前 言

上海在经历了20世纪80年代和90年代城市大规模的快速建设后，在付出大量建筑被拆除的巨大代价后，逐步认识到在城市更新过程中，应注重历史建筑和城市文脉、空间结构与肌理的传承保护，从而开始理性地思考建筑文化遗产的保护。上海的历史建筑保护在经过近30年的探索中，逐步形成了政府管理部门、学术界、设计单位、开发建设单位和施工单位相协调的建筑文化遗产保护修缮机制和保护模式。

上海市建筑装饰工程集团有限公司正是在此大背景下，于1999年开始迈入历史建筑保护修缮领域，并且在20余年的时间，先后承接了数十项历史建筑保护工程。在此过程中，我们一方面积极探索保护技术及工艺；另一方面，也尝试与社会各界建立广泛合作，共同促进上海历史建筑保护之路能走得更远、更好。

上海是一座有文化、有故事、有温情、有历史厚度的城市，作为有国企担当的上海建工的一分子，上海建工装饰集团有责任有义务让通过建工装饰之手修缮保护后的建筑，仍保留具有上海特色的历史的温度与厚度。通过20余年历史建筑修缮经验的积累，我们深知要想实现历史建筑的保护修缮，必然离不开专业技术手段的提升，而技术经验必定需要定期地梳理与总结，才能体现出价值，这就是编写这本书的出发点。

《匠心传承 延续城市文脉——建筑装饰工程城市更新技术研究与应用》将集团所承建的上海市文物建筑的保护修缮技术、优秀历史建筑的保护修缮技术及其他建筑改造与功能提升技术进行分享。通过分享专业化的保护修缮技术手段来助推行业技术的传承、创新与发展。历史建筑保护修缮与改建的技术手段的继续发展之路，也需要在不停地交流总结中获取新的灵感与思路。

这些年来，上海市建筑装饰工程集团有限公司在几代人的努力下，曾获得多份殊荣，资质也在不断提升。目前具有国家甲级建筑装饰设计资质、一级建筑装饰施工资质、文物保护工程施工二级资质、文物保护工程勘察设计丙级资质等。2019 年 12 月，上海市文物保护工程行业协会成立并揭牌，我有幸担任协会会长。正是一种历史使命感，促使我开始思索历史建筑保护的未来。上海市共有全国重点文物保护单位 40 处，上海市文物保护单位 227 处，区文物保护单位 423 处，文物保护点 2 747 处，总计 3 437 处不可移动文物。上海的城市更新之路正在加快步伐，留给我们去研究、去探索、去实践的，还有很长的路待走。

上海建工装饰工程集团有限公司作为上海市唯一一家装饰行业国企单位，既是国家高新技术企业，也是上海装饰企业中第一家也是唯一一家成立“市级企业技术中心”的企业，同时还是上海建工集团国家级技术中心——历史保护建筑研究分中心，上海市文物保护工程行业协会会长单位。

1999 年公司承建了第一个优秀历史建筑保护修缮项目——汉口路 151 号，原浙江第一商业银行。紧接着，我们一路疾驰，2000—2018 年，大大小小地做了 30 余项优秀历史建筑保护修缮项目，包括外滩沿线众多文物建筑、优秀历史建筑，例如外滩 1 号、外滩 2 号、外滩 3 号、外滩 14 号、外滩 18 号、外滩 19 号、外滩 20 号、外滩 29 号等。同时这些年我们注重技术研究与交流。2006 年公司参加“上海文化遗产日系列活动——历史文物建筑保护工程智能检测系统集成技术研讨会”，同年，公司荣膺联合国教科文组织 2006 年度亚太文化遗产保护杰出奖。2007 年，公司成立历史建筑保护研究技术中心，并在 2010 年该中心被评为上海市市级企业技术中心。2010 年我司承接了世博民居文化区——美丽上海古民居修缮项目，在古民居异地再生领域取得丰硕的技术成果与经验；2011—2016 年，公司取得二级文物保护工程施工资质、丙级勘察设计资质；在优秀历史建筑保护修缮领域，获得三项科技进步奖、保护修缮类发明近百项。2017 公司承担上海市住建委科学研究项目《优秀历史建筑外墙饰面修缮工艺研究》，2019 年承担了省部级科研项目并验收通过、2020 年集团成为了上海市文物保护工程协会会长单位。装饰集团缔造了一个又一个的辉煌。2021 年，公司在上海市文物保护工程行业协会的指导下参与编制并发布了《上海市文物保护工程行业发展报告 2021》，这是第一部反映省级区域文物保护工程行业发展历程、从业现状、前景展望的“蓝皮书”，开创了文物保护工程领域发展报告的先河。2022 年，在虹桥源 1 号（虹桥老宅）举行了第一届由上海市住房和城乡建设管理委员会、上海市房屋管理局指导，上海市房屋安全监察所（上海市历史建筑保护事务中心）、上海市建筑施工行业协会主办，上海虹桥国际机场有限责任公司、上海市建筑装饰工程集团有限公司承办的上海市建设工程白玉兰奖（市优质工程）历史建筑工程赛区“延续历史文脉 雕琢时代精品”主题观摩活动，该项目由我司进行保护性修缮，修缮后的“虹桥老宅”被注入了全新活力，生动再现了百年老宅的本初风貌，成为了白玉兰奖历史建筑工程赛区的优秀创优成果。2023 年公司主编并发布了上海市工程建设规范《优秀历史建筑外墙修缮技术标准》(DG/TJ 08-2413—2023)。

上海市建筑装饰工程有限公司涉足历史建筑保护与修缮领域 20 余年，参与了历史建筑保护工作的实践与考证，得到了社会各界与研究团队的支持，在此，特别感谢沈三新先生与许一凡先生给予我们的指导和帮助。感受精益求精的工匠精神，研究上海近代历史建筑的过去，思考上海历史建筑的未来，是此书的最大价值。

上海市建筑装饰工程集团有限公司董事长、党委书记

上海市文物保护工程行业协会会长

2023 年 9 月

目 录

第 1 章

Chapter 1

绪论

Exordium

不同于以往粗放型外延式发展，城市的发展开始转向集约型内涵式发展，进入到产业布局、类型、结构重组和转型的精细化有机更新时代。上海未来的发展更是受到了土地资源匮乏的约束，规划建设用地面临着“负增长”的要求[1]，存量市场大力发展的同时，对历史建筑保护修缮与功能提升技术的关注度也在不断升温。

历史建筑，不同于历史上的建筑，是社会物质和精神财富的统一体，具有历史、艺术与科学价值，是文化遗产的重要组成。对于建筑从业者而言，掌握国家与地方政府政策对于历史建筑的定义，是理解建筑遗产、建立保护意识的前提；同时熟练掌握历史建筑保护修缮与功能提升技术，是项目落地实施与后期维护的有效保障。

本书所提及的历史建筑涵盖了受法律保护的文物建筑、上海市优秀历史建筑及具有一定价值的其他建筑，如工业遗存区、历史风貌街区、大型展馆、商业中心等。这些建于“昨天”，具有重大历史、人文意义的珍贵建筑遗产，都将归于“历史”，它们是城市发展的见证者，是行业技术的应用者，对上海建工装饰集团而言，具有重要的文化发展意义。

本书通过系统地梳理国家与地方政府对于历史建筑的不同定义，以集团 30 余年的历史建筑项目实践经验为背景，详细阐述了历史建筑保护修缮、功能提升与改造技术。对不同身份的历史建筑进行分类，通过生动的项目历程，形成一套方便实践者参考借鉴的技术专辑，希望为项目实践者提供帮助和指引。

1.1　城市更新重要产业政策

改革开放以来，我国对城市发展和城市规划工作高度重视，从国家到地方都出台了有关城市规划、建设和管理的法律法规。

国家层面行业政策

2020 年 10 月，中国共产党第十九届中央委员会第五次全体会议审议通过了《中共中央关于制定国民经济和社会发展第十四个五年规划和二〇三五年远景目标的建议》，明确提出实施城市更新行动。“实施城市更新行动”首次写入五年规划，其重要性被国家提到了前所未有的高度。党的二十大报告也提出，“加快转变超大特大城市发展方式，实施城市更新行动，加强城市基础设施建设，打造宜居、韧性、智慧城市”。

2022 年，中央层面的城市更新相关表态 / 政策数量为近三年最高，充分体现了城市更新对扩大内需，推动城市高质量发展的重大战略意义。整体来看，2022 年中央层面政策有三个方面的特点。第一，从政策趋势来看，国家整体性的引导继续强化，从此前的表态为主，到目前有了更多具体的政策文件出台；第二，从政策侧重的内容来看，存量资产盘活、“三区一村”改造、城市体检等均为未来发力的重点；第三，从政策作用来看，主要是发挥方向指引，继续强调有序推

1　吴燕. 全球城市目标下上海村庄规划编制的思考 [J]. 城乡规划，2018（1）：84-92.

进城市更新，指出下一阶段城市更新建设的推动方向[2]。

地方层面行业政策

近两年，地方着力构建纵向层级丰富、横向维度完备的政策体系，城市更新政策出台的数量均较多。其中，2022年超30个省市出台了70余条城市更新相关政策。整体来看，地方政府层面政策有三个方面的特点。第一，南方城市政策数量较多，广州、重庆、北京等地政策密集发布，部分二、三线城市也开始出台城市更新政策；第二，省级政策明显增多，广东、湖北、江苏等地从省级层面推动城市更新发展；第三，部分特大城市进一步将城市更新与发展住房租赁相结合，增加住房供给渠道；第四，政策内容方面更加突出调动市场主体参与积极性[2]。

上海是全国最早开展城市更新的超大型城市，其最早的相关政策是2014年的《关于本市盘活存量工业用地的实施办法（试行）》。2015年，上海发布了《上海市城市更新实施办法》（沪府〔2015〕20号），后续几年的时间里也不断出台相关政策进行优化补充，例如2016年《"12 + X"城市更新四大行动计划》、2017年《上海市城市更新规划土地实施细则》（2022年重新修订）、2018年《上海市旧住房拆除重建项目实施管理办法》、2020年《上海市旧住房改造综合管理办法》（2023年重新修订）……在这些相关政策的影响下，上海在城市更新的道路上积累了大量成功案例，并探索出了诸多运作模式，在全国有着广泛的影响力[3]。

2021年9月1日，《上海市城市更新条例》（2022年重新修订）正式开始实施，对上海加快转变城市发展方式、统筹城市规划建设管理、推动城市空间结构优化和品质提升有着重大的现实意义。今年以来，上海市、区政府也出台了诸多相关政策践行"人民城市人民建，人民城市为人民"的重要理念，推动向上而新的宏伟蓝图"更上一层楼"[3]。

1.2　城市更新产业发展特征

国家"十四五"规划明确要求，城市更新应以"提升片区功能"为直接目标，杜绝大拆大建。结构决定功能，城市更新项目作为一个有机生命体，要想提升项目片区功能、品质、活力和魅力，必然需要坚持系统观念和结构化思维[4]。接下来，通过简要阐述一些主要省市城市更新的发展特征，进行针对性的分析和总结，以上海市的城市更新发展为例，以期能帮助项目实践者对我国各主要省市的城市更新发展特征有初步的认识和了解。

2　中指研究院.2022城市更新发展总结与展望（政策篇）[EB/OL].[2023-01-13].https://baijiahao.baidu.com/s?id=1754884699225789628&wfr=spider&for=pc.

3　张自达. 8年政策沿革之路，2022城市更新"更上层楼"[EB/OL].[2022-11-17].http://static.zhoudaosh.com/AA93FEB4D0747709525B1F9EEBBE0111BE50F12DF49D25A1AF38B545D9969BFC.

4　石榴智库."中国式"城市更新的几个特点及其启示初探[EB/OL].[2022-11-28].http://mp.fxdjt.com/details?id=2c07eb1146f4e238445239c6bd3bcaae.

主要代表性城市产业发展特征

我国的城市更新发展由地方探索先行，具有典型的“自下而上”的特征，大体经历了萌芽、起步、探索、提速四个阶段，各省市城市更新发展具有地域特色，发展并不均衡，存在明显的城市群联动特点[5]，以下列举了上海、北京、天津、武汉、厦门、哈尔滨、杭州、南京主要代表性城市在该领域的发展特征。

上海

上海是一座历史文化名城，自 1843 年开埠以来，历经百余年演变，各种外来文化与上海的本土文化、中国的传统文化和地域文化在上海并存、兼容、转型和演化，在此环境影响下形成的独特的海派文化具有很大的兼容性，反映在建筑上为一种广泛生成、拼贴、叠合和折中的文化，使上海形成复杂而又丰富多彩的城市与建筑形态[6]。

上海城市更新历程主要开始于 1978 年改革开放后，主要经历了 1980 年代以提高人民居住水平为目标的住房改造阶段，1990 年代到 21 世纪初期全面改善城市面貌的大规模旧区改造，世博期间完善城市功能形象的有序更新阶段以及世博后资源紧约束背景下的有机更新探索 4 个阶段[7]。

20 世纪 80 年代的城市更新，重点落在“旧区改造”和部分的商业改造之上，主要的目标是改善城市居民的居住环境。例如，成片改造闸北、南市、普陀、杨浦等地区房屋破旧、城市基础设施简陋、环境污染严重的地区，改造简屋、棚户和危房，逐步改善居民生活居住条件等[8]，也重点实施了部分商业改造，涉及人民广场、外滩地区、漕溪路—徐家汇商城地区、天目西路—不夜城地区、豫园商城地区、四平路南段地区和虹临花园、上海体育中心、淮海中路东段等地区，典型特征为“局部改造、商业价值提高、局部空间利益最大化”[9]。

20 世纪 90 年代，随着经济的高速发展以及“旧区改造”的逐渐完成，城市中心区的更新已从最初“沿街改造”“街坊改造”发展至“成片街区改造”，城市更新的方向也逐渐转为成片旧式里弄住宅区维护与修缮[8]。以新天地、田子坊、思南公馆等项目为代表，体现了三种不同的旧区更新改造方式[9]。新天地商业街项目属于“太平桥改造工程”项目的一部分，通过容积率转移的更新政策，促进了整个太平桥区的发展[10]；思南公馆的改造工程采取了成片区的“拆、改、留”政策，土地性质由居住改为商业办公，是典型“居改非”类保护型改造模式；田子坊的置换更新过程增加了所在地原住民的参与，形成了自下而上的渐进式更新路径，使得更新的机制更加具有弹性和包容性[9]。

---

5 吴进辉．我国城市更新发展特点及机遇[EB/OL].[2021-09-28].https://mp.weixin.qq.com/s/PfwgMd4oMzLZgi9N_WybPA.

6 郑时龄．上海的建筑文化遗产保护及其反思[J]. 建筑遗产（研究聚焦）,2016(1)10-23.

7 葛岩．上海城市更新的政策演进特征与创新探讨[J]. 上海城市规划，2017(5): 23-28.

8 管娟，郭玖玖．上海中心城区城市更新机制演进研究——以新天地、8号桥和田子坊为例[J]. 上海城市规划，2011(4): 53-59.

9 丁凡．上海城市更新演变及新时期的文化转向[J]. 住宅科技，2018(11): 1-9.

10 Yang, Y.R. and C.H. Chang, An urban regeneration regime in China: A case study of urban redevelopment in Shanghai's Taipingqiao area[J]. Urban Studies, 2007, 44(9): 1809-1826.

在21世纪的城市更新中确定了对上海历史文化风貌区及风貌道路的保护规划制定与管理控制[9]，截至2005年年底，共确定中心城144条风貌保护街道，其中64条道路进行原汁原味整体保护。并在2005年第四次（其他三次分别在1989年、1994年、1999年）确定了663处共2 154幢、总面积约400万m^2的建筑为“优秀历史建筑”[11]。同时伴随着大量的城市工业用地的转型，城市更新的重点也转向对于工业仓储空间的修缮与改造。例如，莫干山路M50艺术园区、1933老场坊的改造、苏州河仓库SOHO区改造、8号桥创意办公区、上钢十厂改造、上海啤酒厂的改造等。同时，以工业遗产集中的黄浦江滨江地区改造为代表，2002年启动的浦江两岸综合开发战略，以及2010年世博会的召开，都使得大量的产业建筑及其历史地段得到再利用开发，浦江老工业地区整体功能得到转型[9]。

2010年之后，上海城市更新更加关注历史风貌街区的创新性保护、工业遗产的保护性再利用、滨江地区的再开发和城市社区的重建，该阶段以文化重建为主要特征，同时也强调包容社会、经济和环境等多目标的综合性更新[12]。例如，2018年9月30日，以“保护为先、文化为魂、以人为本”为原则的张园保护性开发项目正式启动，采用“征而不拆、人走房留”的方式，通过空间重塑、文化融合、功能再造，再塑张园“海上第一名园”的辉煌。目前已经开幕的西区，引入国际顶尖品牌入驻，包括：安垲第俱乐部（Arcadia Club）、宝格丽香氛（BVLGARI PARFUMS）、BY FAR、迪奥（DIOR）、古驰（GUCCI）、路易威登（LOUIS VUITTON）、江诗丹顿（Vacheron Constantin）等，通过体验式、引领性的时尚消费导入，深化海派文化主题，为历史风貌保护区赋予全新的商业功能和业态[13]。2022年6月，新昌城二期启动，项目是当前上海市全面加快“两旧一村”改造攻坚战的重要组成部分，作为上海市第二批历史风貌保护街坊，被列入2022年黄浦区重大工程项目，现阶段，保护性卸解工作基本完成，正在进行平移、原位保留建筑的加固施工，并对沿街外立面进行了保留复原。

上海市从20世纪80年代的旧区改造伊始，如今模式升级，走向新的城市更新，更加关注人的需求。在国内的城市更新实践中，上海具有丰富的样本和案例，也在城市更新的实践中走在前列。总体来说，上海的城市更新历经发展，呈现多元化趋势[14]。

北京

北京是一座千年古城，留下的历史遗迹尤为丰富。在北京的历史文化区域的多数改造中，都尽可能保留了原有建筑的功能和设计，并在此基础上进一步升级改造。比如，在南锣鼓巷四条胡同修缮整治项目中，坚持恢复性修建，倡导老物件、旧物料的再利用，恢复了胡同、院落与街区的传统风貌，尤其注重保留老北京的乡愁和记忆，使得百年前的传统民居样貌得以延续[15]。

---

11 伍江，王林．上海城市历史文化遗产保护制度概述[J]．时代建筑2006(2)：24-27.

12 王林．有机生长的城市更新与风貌保护：上海实践与创新思维[J]．世界建筑，2016(4)：18-23+135.

13 旅游产业博览会．阅读张园：百年城市更新中的文商旅居目的地[EB/OL].[2022-12-09].https://zhuanlan.zhihu.com/p/590518495.

14 刘昕璐．上海都市圈发展报告第四辑亮相 城市万象更新 聚焦市民需求[N]．青年报.2023-6-14(A06).

15 陈雪波，卢志坤．北京城市更新走向成熟[N]．中国经营报.2023-5-27.

天津

天津是我国近代最早对外开放的沿海城市之一，其建筑风格呈现一种中西合璧、交映生辉的独特城市景观。新中国成立后，天津市政府开始对传统街区、文物古迹等进行保护，修复了天津五大道近代建筑、老城区天后宫及鼓楼等，开发和修复天津杨柳青古镇，形成了城乡结合的修复。同时，对建筑遗产的修复还利用了点、线、面相结合的手法，使建筑得到了更为全面的保护[16]。

武汉

武汉是国家历史文化名城，清政府将汉口辟为通商口岸之后，修建了各式中西合璧的建筑。随着武汉进入新的发展阶段，城市开发建设从粗放型外延式转向集约型内涵式，城市建设逐渐从量变到质变，从传统的开发方式转向运营模式。在新的发展阶段，武汉市城市更新由“拆改留”转向“留改拆建控”，需要继续探索城市有机更新、高质量更新之路[17]。

厦门

鸦片战争后，厦门被迫开埠进而沦为“外国人居留地”[18]，在此背景下，闽南地方建筑与西方建筑形式激烈碰撞交融，进而演化出丰富多元的近代建筑样式。厦门市的城市更新主要经历了三个阶段，由政府主导的市政改造向政府统筹、市场参与的多目标、多类型、多种更新方式转变，逐步演化为“多措并举、有机更新”的试验田[19]。

哈尔滨

哈尔滨是一座因中东铁路的修建而兴起的城市，汇聚了 20 世纪二三十年代欧洲流行的多种建筑风格。近年来，哈尔滨在城市记忆传承行动中，充分挖掘历史传承和文化价值，以敬畏之心保护传承“老哈尔滨”的城市历史文脉。在旧城改造更新行动中，借鉴上海等城市在城市更新方面的成功经验，坚持“留改拆并举，以保留保护为主”的理念，兼顾民生改善与历史风貌保护[20]。

杭州

杭州是一座有着浓厚历史韵味的城市，是中国著名的古都，现城市中仍然有大量的历史建筑遗存[21]。在新时代背景下，杭州将全面推进城市更新，明确 2023 年，基本形成具有杭州特色的

16 张应静. 天津近代历史建筑再利用研究 [D]. 重庆：重庆大学，2012.

17 陈伟. 国土空间规划引领高质量城市更新——武汉城市更新探索与实践 [EB/OL].[2022-12-09].https://mp.weixin.qq.com/s/JkSOAcCFuvQX3OHtE6lonw.

18 钱毅. 从殖民地外廊式到“厦门装饰风格”——鼓浪屿近代外廊建筑的演变 [J]. 建筑学报，2011（S1）：108-111.

19 卜昌芬. 厦门市城市更新实践及探索 [EB/OL].[2022-11-24].https://mp.weixin.qq.com/s/t7ylCdI_ajQ4ukXePq0YCQ.

20 黑龙江新闻网. 哈尔滨：城建九大行动绘“蝶变”之图 [EB/OL].[2023-04-14].https://baijiahao.baidu.com/s?id=1763141527977272324&wfr=spider&for=pc.

21 刘婵婵. 杭州市历史建筑保护与营建技术研究 [D]. 杭州：浙江大学，2020.

城市更新工作体系，打造一批可复制、可推广的城市更新试点项目[22]。到2035年，围绕城市宜居、韧性、智慧目标，城市规划、建设、治理水平全面提升，形成城市全周期高质量可持续发展的城市更新范例[23]。

南京

南京地处南北之间，其建筑样式既有北方端庄浑厚，又有南方灵巧细腻[24]。比较上海、天津、广州等城市的西化，南京民国时期的建筑可谓参酌古今，兼容中外，融会南北[25]。为进一步保护老城风貌，南京市政府积极探索城市更新办法路径，为更妥善处理目前和将来的关系，正在探索小尺度、渐进式更新模式，凸显出城市以人为本的发展理念[26]。

1.3 文物建筑的定义与价值

2018年国家文物局印发的《不可移动文物认定导则（试行）》中指出具有历史、艺术、科学价值的古遗址、古墓葬、古建筑、石窟寺和石刻；与重大历史事件、革命运动或者著名人物有关的以及具有重要纪念意义、教育意义或者史料价值的近代现代重要史迹、代表性建筑等，为不可移动文物，文物建筑属其中一种。

上海共有全国重点文物保护单位40处，上海市文物保护单位227处，区文物保护单位423处，文物保护点2 747处，总共3 437处不可移动文物[27]。

根据《文物保护工程管理办法》（2003年），文物保护工程分为保养维护工程、抢险加固工程、修缮工程、保护性设施建设工程、迁移工程五类。保养维护工程，系指针对文物的轻微损害所作的日常性、季节性的养护。抢险加固工程，系指文物突发严重危险时，由于时间、技术、经费等条件的限制，不能进行彻底修缮而对文物采取具有可逆性的临时抢险加固措施的工程。修缮工程，系指为保护文物本体所必需的结构加固处理和维修，包括结合结构加固而进行的局部复原工程。保护性设施建设工程，系指为保护文物而附加安全防护设施的工程。迁移工程，系指因保护工作特别需要，并无其他更为有效的手段时所采取的将文物整体或局部搬迁、异地保护的工程。

《上海市文物保护条例》（2014年）中规定，不可移动文物根据其历史、艺术、科学价值，可以依法确定为全国重点文物保护单位、市级文物保护单位和区、县级文物保护单位。尚未核定公

---

22 王尧．我国城市气候适应行动经验及启示[J]．环境保护，2020（13）：29−33.

23 杭州市人民政府关于全面推进城市更新的实施意见[EB/OL].[2023−05−19].https://www.hangzhou.gov.cn/art/2023/5/19/art_1229063382_1831751.html.

24 张燕．清末及民国时期南京建筑艺术概述[J]．民国档案，1999（4）：95−104.

25 百度百科．南京民国建[EB/OL].https://baike.baidu.com/item/%E5%8D%97%E4%BA%AC%E6%B0%91%E5%9B%BD%E5%BB%BA%E7%AD%91/6581538?fr=aladdin.

26 交汇点客户端．南京出台新规，让老城"做减法"更有效落地[EB/OL].[2023−02−23].https://baijiahao.baidu.com/s?id=1758607937191701783&wfr=spider&for=pc.

27 上海市文物保护工程行业协会．蓝皮书：上海市文物保护工程行业发展报告2021[R/OL].（2021−12−12）.

布为文物保护单位的不可移动文物，由区、县人民政府文物行政管理部门予以登记，并公布为文物保护点。

《国家文物局关于文物保护工程资质管理制度改革的通知》文物保发〔2021〕30 号文件规定：文物保护工程勘察设计资质、监理资质由甲、乙、丙三级调整为甲、乙两级。文物保护工程施工资质由一、二、三级调整为一、二两级。2021 年 10 月 20 日之后签订合同的文物保护工程分级调整为：全国重点文物保护单位和国家文物局指定的重要文物修缮工程、迁移工程、重建工程，为一级工程；全国重点文物保护单位保养维护工程、抢险加固工程，省级文物保护单位的保养维护工程、抢险加固工程，市县级文物保护单位的保养维护工程、抢险加固工程、修缮工程，为二级工程；尚未核定公布为文物保护单位的不可移动文物的迁移工程、重建工程，为三级工程。一级文物保护工程施工资质可承担所有级别文物保护工程的项目施工，二级文物保护工程施工资质可承担工程等级为二级及以下的项目施工，三级施工项目对文物保护工程施工资质不做要求。

1.4　上海市优秀历史建筑的定义与价值

上海市优秀历史建筑是上海的宝贵文化遗产，从 20 世纪 80 年代以来，共公布了 5 批历史建筑，总计 1 058 处，144 条风貌保护道路，44 片共 41 000m^2 历史文化风貌区。在《上海市城市总体规划（2017—2035 年）》中，要求进一步加强对城市历史环境的保护，完整展现“优秀历史建筑—风貌保护道路—历史文化风貌区”等城市空间脉络是上海城市规划的主要发展方向。希望通过对历史建筑的保护，让这些建筑重新焕发新的风采。

《上海市历史风貌区和优秀历史建筑保护条例》（2019 修改）第九条对优秀历史建筑作出定义：建成 30 年以上，并有下列情形之一的建筑，可以确定为优秀历史建筑：

①建筑样式、施工工艺和工程技术具有建筑艺术特色和科学研究价值；

②反映上海地域建筑历史文化特点；

③著名建筑师的代表作品；

④与重要历史事件、革命运动或者著名人物有关的建筑；

⑤在我国产业发展史上具有代表性的作坊、商铺、厂房和仓库；

⑥其他具有历史文化意义的建筑。

自上海 2003 年《上海市历史文化风貌区和优秀历史建筑保护条例》（现更新为《上海市历史风貌区和优秀历史建筑保护条例》）正式实施以后，全国多个近代史上相当重要的城市都相继制定地方历史建筑保护制度，历史建筑的概念内涵在强调历史、艺术与科学价值的共同基础上，也强调历史风貌和地方特色的独特类型，并在建成时间（30 年或 50 年）上也有不同：

上海——优秀历史建筑；

武汉——优秀历史建筑；

天津——历史风貌建筑；

厦门——历史风貌建筑；

哈尔滨——保护建筑；

杭州——历史建筑；

南京——重要近现代建筑。

1.5 其他历史建筑的定义与价值

本书提及的其他历史建筑是指除文物建筑、上海市优秀历史保护建筑外的既有建筑，是指未划定在国家、地方政府政策中，但具有一定的历史、文化、城市发展价值的非保护类建筑，例如：工业遗存产业区、历史风貌街、历史风貌区、历史桥梁、大型展示空间、城市中心商业综合体等。这些建筑是城市发展的历史痕迹，它们受到时间的洗礼、城市商业业态变化等因素的冲击，使用功能正在逐步退化，无法适应城市的高速发展，若不及时进行室内外的功能提升，将给城市建筑遗产的保护造成无可挽回的遗憾。

在《历史文化名城名镇名村保护条例》(2017 修订）中提出，历史建筑，是指经城市、县人民政府确定公布的具有一定保护价值，能够反映历史风貌和地方特色，未公布为文物保护单位，也未登记为不可移动文物的建筑物、构筑物。历史文化街区，是指经省、自治区、直辖市人民政府核定公布的保存文物特别丰富、历史建筑集中成片、能够较完整和真实地体现传统格局和历史风貌，并具有一定规模的区域。

1.6 城市更新领域数字化保护与创新发展路径

数字化技术对历史建筑的保护和发展具有重要意义。相比传统方法，三维激光扫描、摄影建模等数字化技术的优势在于：①能够极大丰富信息维度，使建筑所含信息能得到长久、有效地保存；②在建筑的档案记录、病害勘查和安全监测方面都更具优势，有助于大大提高保护与管理工作效率；③建筑遗产三维数字化可以在更大的范围内实现建筑的展示、传播和共享，促进建筑遗产保护事业的精细化、公众化与可持续发展。

鉴于此，近年国家和各地区相继提出建筑遗产保护和数字化实践的要求。在国家层面，《中共中央关于制定国民经济和社会发展第十四个五年规划和二〇三五年远景目标的建议》中明确提出加快数字化发展的总体思路；在区域层面，以上海为例，2020 年底，上海市委、市政府发布了《关于全面推进上海城市数字化转型的意见》指出，要坚持整体性转变和全方位赋能，构建数据驱动的数字城市基本框架，推动“经济、生活、治理”城市全面数字化转型。

上海建工装饰集团始终致力于推动数字化建造技术在城市更新及历史建筑保护修缮领域的长效可持续发展，坚持科技创新与成果转化的一体化布局，通过打造差异化价值来提升核心竞争力。深化新业态、新技术融合和创新，升级完善数字化历保相关标准及评价体系，同步构建人才高地。以三维信息模型为载体，融合了数字测绘、数字设计、数字加工、智能管控等探索跨领域、跨学科技术与先进作业装备的应用，形成前沿交叉领域综合性集成解决方案，将现代技术与传统修缮进行多元融合，贯穿项目实施全过程，推动科研成果的高效落地转化，实现高品质城市更新项目的交付及文历保修缮工程全生命周期的增值和生态可持续建造，助力集团实现数字化转型。

技艺

Technology

第 2 章

Chapter 2

2.1　历史建筑的保护原则与要点

2.1.1　文物建筑的保护修缮原则与要点

2.1.1.1　保护原则

根据《中国文物古迹保护准则》(2015 年)文物古迹的保护原则有:

(1)不改变原状原则。

文物古迹的原状是其价值的载体，不改变原状就是对文物古迹价值的保护，是文物古迹保护的基础，也是其他相关原则的基础。真实、完整地保护建筑在历史过程中形成的价值及体现这种价值的状态，有效地保护文物的历史、文化环境，并通过保护延续相关的文化传统。

(2)真实性原则。

文物古迹本身的材料、工艺、设计及其环境和它所反映的历史、文化、社会等相关信息的真实性。对文物古迹的保护就是保护这些信息及其来源的真实性。与文物古迹相关的文化传统的延续同样也是对真实性的保护。

(3)完整性原则。

文物的保护是对其价值载体及其环境等体现文物古迹价值的各个要素的完整保护。文物在历史演化过程中形成的包括各个时代特征、具有价值的物质遗存都应得到尊重。

(4)最低限度干预原则。

把干预限制在保证文物安全的程度上。为减少对文物的干预，应对文物采取预防性保护措施。

(5)保护传统文化原则。

当文物与某种文化传统相关联，文物的价值又取决于这种文化传统的延续时，保护文物的同时应当考虑对这种文化传统的保护。

(6)使用恰当的保护技术原则。

使用经检验且有利于文物长期保存的成熟技术，文物原有的技术和材料应当保护对原有科学的、利于文物长期保护的传统工艺应当传承。所有新材料和工艺都必须经过前期试验，证明切实有效，对文物长期保存无害、无碍，方可使用。所有保护措施不得妨碍再次对文物进行保护，在可能的情况下应当是可逆的。

(7)防灾减灾原则。

及时认识并消除可能引发灾害的危险因素，预防灾害的发生要充分评估各类灾害对文物和人员可能造成的危害，制定应对突发灾害的应急预案，把灾害发生后可能出现的损失减到最低限度。对相关人员进行应急预案培训。

2.1.1.2　设计要点

(1)文物保护建筑的修缮设计应广泛调查建筑的历史沿革、人文历史，以及使用、维修、改造的文档，搜集历史照片、设计图纸和事件物件资料，全面掌握相关信息。

（2）修缮设计前应对其进行综合评估，包括认定历史价值、艺术价值、科学价值，评估保存状态和管理条件等。

（3）应重点保护具有重要历史特征的空间格局和特征要素。

（4）重点保护部位和区域的修缮，应根据历史建筑价值评估结果确定修缮效果。

2.1.1.3 施工要点

（1）文物保护建筑修缮施工前，应对结构、装饰、设备的损坏程度进行全面、详细查勘；必要时采用仪器、工具作探查、取样，进行定量、定性检测，并形成反映建筑残损状况的图纸、照片和文字资料。

（2）修缮施工前应研究考察该建筑使用的历史材料的材质组分、配比、外观和工艺等；修缮施工中，应采用相同或相似的材料，参照传统工艺配制修补材料；正式施工前应制作不同的小样，从中优选。

（3）重点保护部位的材料、工艺和施工方法，应进行现场试样，经检验符合要求后，方可进行施工。

（4）应加强隐蔽项目的查验，发现其结构、构造、材料与设计不符，应会同设计、监理协商；如存在安全隐患，应采取有效措施消除后，方可继续施工。

2.1.2 上海市优秀历史建筑的保护修缮原则与要点

2.1.2.1 保护原则

（1）真实性原则。

全面保存并延续历史建筑的真实历史信息和价值；保留原有的材料、结构和工艺。历史建筑在保护修缮设计中，应在建筑形象、尺度、比例、材料色彩、质感、特征及施工工艺、细部技术处理上，尽量保持和恢复原有建筑风貌。在修缮中更换建筑构件，使用新材料和新做法时，应保持与原有建筑协调。

（2）最小干预原则。

把干预限制在保证历史建筑安全的程度上，减少对建筑的干预，对建筑采取预防性保护。采用的保护措施，以延续现状、缓解损伤为主要目标，且保护措施为以后的保养、保护都留有余地。

（3）可识别性原则。

慎重对待历史建筑在它存在的历史过程中的遗失和增建部分，对不可避免的添加和缺失部分的修补必须与整体保持和谐，但同时需区别于原作，以使修缮不歪曲其艺术或历史见证。

（4）可逆性原则。

修缮、改建的措施应尽量做到可以撤除而不损害建筑本身，修缮新添加的材料其强度应不高于原始材料，新旧材料要有物理、化学兼容性，为将来采取更科学、更适合的修缮留有余地。

2.1.2.2 设计要点

（1）优秀历史建筑保护修缮设计应广泛调查建筑的历史沿革、人文历史，以及使用、维修、改造的文档，搜集历史照片、设计图纸和事件物件资料，全面掌握相关信息。

（2）优秀历史建筑保护修缮设计前应对其进行综合评估，包括认定历史价值、艺术价值、科学价值，评估保存状态和管理条件等。

（3）优秀历史建筑保护修缮设计，应重点保护具有重要历史特征的空间格局和特征要素。

（4）优秀历史建筑重点保护部位和区域的修缮，应根据历史建筑价值评估结果确定修缮效果。

2.1.2.3 施工要点

（1）优秀历史建筑保护修缮施工前，应对结构、装饰、设备的损坏程度进行全面、详细的查勘；必要时采用仪器、工具作探查、取样，进行定量、定性检测，并形成反映建筑残损状况的图纸、照片和文字资料。

（2）修缮施工前应研究考察该建筑使用的历史材料的组分、配比、外观和工艺等；修缮施工中，应采用相似的材料，参照传统工艺配制修补材料；正式施工前应制作不同的小样，从中优选。

（3）重点保护部位的材料、工艺和施工方法，应进行现场试样，经检验符合要求后，方可进行施工。

（4）应加强隐蔽项目的查验，发现其结构、构造、材料与设计不符，应会同设计、监理协商；如存在安全隐患，应采取有效措施消除后，方可继续施工。

2.1.3 历史建筑的改造与功能提升原则与要点

2.1.3.1 改造原则

（1）历史建筑改造前，应根据改造要求和目标，对场地环境、建筑历史、结构安全、消防安全、人身安全，围护结构热工、隔声、通风、采光、日照等物理性能，室内环境舒适度、污染状况、机电设备安全及效能等内容进行评定。

（2）建筑改造过程中应避免对结构构件产生损伤，当发现与建筑改造相连结构构件存在损伤时，应对结构构件进行必要的处理。

（3）历史建筑结构改造应综合考虑结构现状和建筑改造的总体要求，以满足安全性、适用性和经济性为目标。

（4）未经技术鉴定或具有相应资质的设计单位许可，不得改变改造后建筑的用途和使用环境。

2.1.3.2 设计原则

（1）历史建筑改造的项目设计应明确改造的范围、改造的内容和相关技术指标。

（2）历史建筑结构改造应明确改造后的使用功能和后续设计使用年限。

2.1.3.3 施工原则

（1）历史建筑改造施工时，应明确划分施工区和非施工区，施并落实日常值班及消防安全管理制度。

（2）历史建筑改造应尽量贯彻绿色施工的理念，将对周边的影响降至最低。

2.2　勘察检测技术及应用

前期勘察在历史建筑保护工程中是一项不可或缺的环节，本类技术结合大量相关工程案例介绍了若干种可用于实践的各项检测技术（图 2-1 ~ 图 2-6），通过前期科学、严谨、准确的勘察工作针对各修缮工程制定可操作性的修缮技术。

建筑历史调查

项目：和平饭店北楼（全国重点文物保护单位、上海市优秀历史建筑）
时间：2009 年

城建档案馆查询；
图书馆查询；
业主方查询；
专家咨询；
历史见证人采访。

八角亭顶面历史照片

和平饭店南楼

和平饭店北楼

图 2-1　建筑历史调查
来源：上海城市建设档案馆

建筑内外环境现场踏勘、测绘技术

项目：豫园馒头店（上海市黄浦区文物保护点）、上海展览中心（上海市优秀历史建筑）
时间：2018 年、2020 年

室内采用三维扫描仪测量室内尺寸，保留修缮前室内空间尺寸数据资料；
采用无人机对修缮前的外立面进行倾斜摄影，提取三维模型的建筑特征。

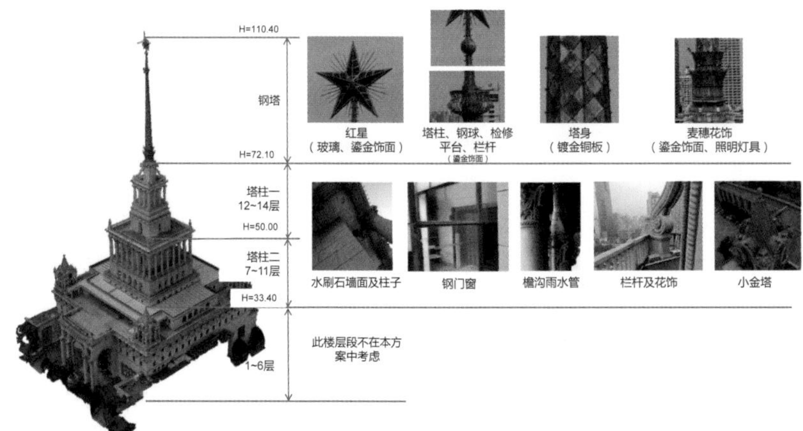

无人机摄影现场踏勘

无人机设备

豫园馒头店三维扫描照片

图 2-2　现场踏勘、测绘

建筑结构损伤状况检测

项目：和平饭店南楼（全国重点文物保护单位、上海市优秀历史建筑）、豫园小世界（全国重点文物保护单位）
时间：2009 年、2010 年

采用钢筋扫描仪及局部破损法检测混凝土保护层厚度；

采用酚酞－乙醇试剂法检测混凝土碳化深度检测；

钢筋锈蚀测定仪检测钢筋锈蚀概率；

采用游标卡尺检测钢筋锈损的有效直径，并分析钢筋截面锈蚀率。

墙面缺损勘探——和平南楼

勘察发现历史原物——和平南楼

结构损伤勘探——豫园小世界

墙面缺损勘探——豫园小世界

建筑无损检测

图 2-3　建筑结构损伤状况检测

建筑变形测量

项目：申达大楼（上海市优秀历史建筑）
时间：2010 年

采用垂准仪进行建筑倾斜测量；

沉降测量采用水准测量法，仪器采用水准仪、平板测微器、水准标尺等。

结构监测现场图

结构发生倾斜

图 2-4　建筑变形测量

结构 / 非结构材料勘察及材性检测

项目：亚细亚大楼（全国重点文物保护单位、上海市优秀历史建筑）、申达大楼（上海市优秀历史建筑）
时间：2009 年、2010 年

采用超声—回弹综合法检测混凝土抗压强度；

采用强度计检测钢筋强度；

采用回弹仪检测外墙砌筑砖强度；

采用贯入式砂浆强度检测仪检测砂浆标号。

填充砖墙劣化情况

柱脚发现白蚁活体

木结构腐蚀

历史火烧痕迹

现场回弹仪检测混凝土强度

木地板构造材料取样检测

图 2-5　材料勘察及材料检测

材料材性分析（饰面、基层、勾缝、污染物）

项目：东风饭店（全国重点文物保护单位、上海市优秀历史建筑）
时间：2008 年

现场取样；

采用现场发射扫描电子显微镜检测材料的观察样品厚度方向的截面的层次，确定该外墙表面涂刷的涂料层数；

用能谱仪对所观察到的各层进行逐层的元素扫描分析；

对最内层的涂料粉末进行 X 射线粉末衍射仪分析；

气相色谱一质谱联用分析仪确定元素分子式；

刮取涂料粉末，用傅里叶变换红外—拉曼光谱仪分析鉴定涂料种类；

采用同位素检测仪、液闪仪检测材料涂层年代。

扫描电镜

制样工具

样品污染面

取样分析处理设备（钣金仪）

放入钣金仪

钣金仪参数设置

钣金仪分析中

样品放入扫描电镜样品腔中

样品在样品腔中的状态

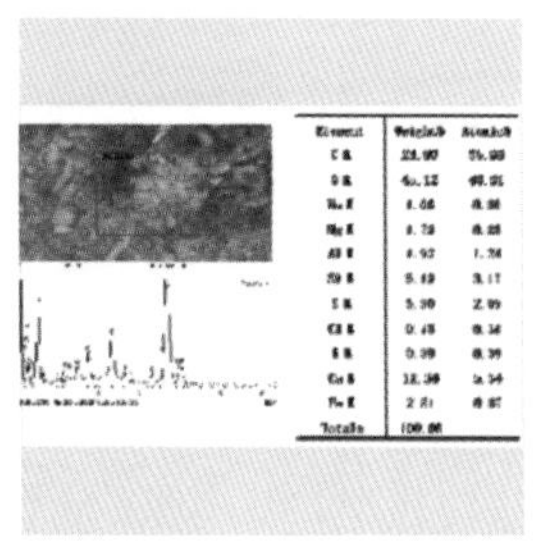
试验结果

图 2-6　材料材性分析

2.3 结构加固与置换典型工艺及应用

2.3.1 结构整体置换技术

历史建筑由于建造年代久远，结构体系发生严重损坏或已无法满足现有抗震设计要求，加之在以往结构设计中往往柱网比较小，不能适应现有大空间的需求。利用整体结构置换技术（图 2-7 ~ 图 2-10），不但可以更好地保护历史建筑的特殊保护部位，还可以通过新型结构托换体系完成历史建筑结构安全的改造需求。整体结构置换技术包括木结构托换技术、砖墙置换技术、钢框架砖混结构。

钢结构置换木结构技术

项目：申达大楼（上海市优秀历史建筑）
时间：2010 年

钢结构基础与原木结构基础错位布置；
安装第 1 层钢结构柱、第 1 层临时梁支撑；
拆除第 1 层木结构楼面；
第 1 层钢梁就位，浇筑第 1 层混凝土楼面；
安装第 2 层钢结构柱；
拆除第 2 层木结构楼面；
第 2 层钢梁就位，浇筑第 2 层混凝土楼面；
上述工艺连续至第 4 层；
第5层荷载转换，第4层木柱拆除。

木楼板原状

木柱原状

木梁柱支点原状

置换前准备

图 2-7　钢结构置换木结构

钢结构置换砖墙技术

项目：申达大楼（上海市优秀历史建筑）
时间：2010 年

砖墙加固；
扁担梁搁置；
钢梁就位：利用工字钢梁夹住墙体；
预顶升；
监测；
拆除砖墙；
监控量测：对钢梁位移、外墙裂缝和基础沉降进行全过程监控；
封闭：砖墙采用钢丝网片粉刷的方式进行封闭处理。

砖墙置换前

加固

加固后砖墙拆除中

钢结构置换砖墙

图 2-8　钢结构置换砖墙

钢结构置换木梁技术

项目：申达大楼（上海市优秀历史建筑）
时间：2010 年

利用墙体厚度差，将上部承重墙体的荷载通过木梁传递到钢琵琶撑上，再由钢琵琶撑将荷载传递到砖墙上；
设置变形监测点进行监控；
拆除墙体；
钢梁安装；
扁担梁安装；
监控布点；
钢梁预变形施工；
释放千斤顶；
拆除钢琵琶撑。

置换应变检测点

施工前

监控布点

施工中

图 2-9　钢结构置换木梁

承重砖墙逐层加开上下连续大门洞技术

项目：申达大楼（上海市优秀历史建筑）
时间：2010 年

测量放线；
基础施工；
逐层立柱；
逐层对销、灌浆；
钻孔、搁置扁担梁；
焊接横梁，梅花形对销，间隙灌浆或者浇筑混凝土；
短柱支撑上部集中荷载；
自上而下逐层开洞；
增加两侧钢梁、钢柱连接；
封闭洞口。

门洞钢结构预置

三维模型

门洞加开后效果

图 2-10　门洞加开

2.3.2 结构改建技术

历史建筑结构改建是通过对原结构受力构件进行加固、拆除、置换，实现结构受力体系改善或转变的施工过程（图 2-11）。

结构改建技术

项目：中国银行大楼（上海市优秀历史建筑）
时间：2021 年

塔楼临时加固：将内侧脚手排架钢管通过窗洞伸出，连通外墙脚手同时箍住覆在塔楼墙体上；

外墙：窗洞口采用型钢加固；

墙体内衬墙一次成形；

将原基础整体托换为钢筋混凝土条形基础；

加固完成后自上而下逐层拆除需要拆除的原有承重砖墙结构构件；

未施工部位应按由下至上的顺序施工。

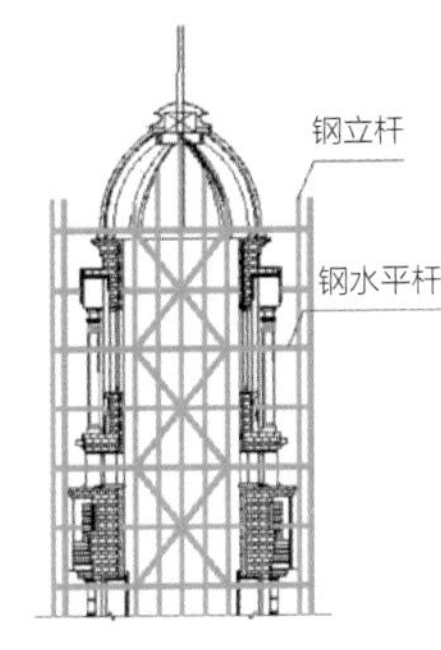

塔楼临时加固剖面示意图

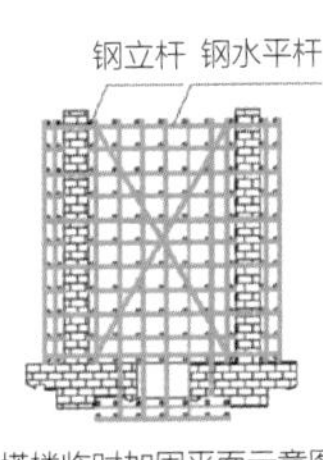

塔楼临时加固平面示意图

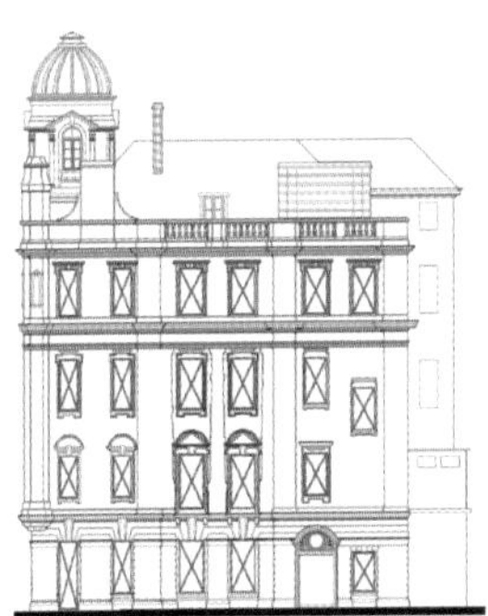

图 2-11 结构改建

（改建过程须注重对历史建筑的保护和修复，保留历史建筑的原始风貌，修复受损部分，并加强基础的稳固性，实现历史建筑的功能拓展，保护历史建筑的独特价值。）

2.3.3 结构安全监测技术

历史建筑改造工程施工监测（图 2-12 ~ 图 2-14）的目的是通过建立测试系统，在施工过程中监测已完成的工程结构的性态，收集控制参数，比较理论计算和实测结果，分析并调整施工中产生的误差，预测后续施工过程的结构形状，提出后续施工过程应采取的技术措施，调整必要的施工工艺和技术方案，使建成后结构的位置、变形和内力处于有效的控制之中，并最大限度地符合设计的理想状态，确保结构的施工质量和工期，保证施工过程与运营状态的安全性。

仿真分析技术

项目：圣三一教堂（全国重点文物保护单位、上海市优秀历史建筑）
时间：2007 年

利用有限元软件建立分析模型；

计算建筑承受的荷载；

在模型上施加荷载找出变形较大的位置。

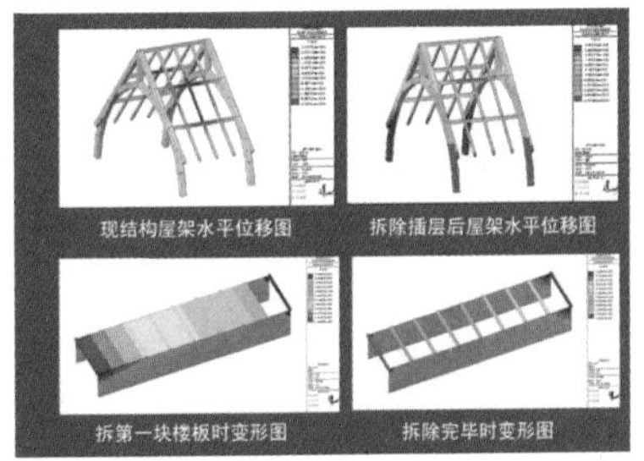

图 2-12 仿真分析模型建立

实时监测技术

项目：圣三一教堂（全国重点文物保护单位、上海市优秀历史建筑）
时间：2007 年

制定监测方案，选择布设点；

现场安装应变计，数据初始化；

数据实时监测；

根据监测数据调整施工方案。

图 2-13 监测设备

自动报警软件

项目：圣三一教堂（全国重点文物保护单位、上海市优秀历史建筑）、申达大楼（上海市优秀历史建筑）
时间：2007 年、2010 年

建立监控功能；
对预警阈值、监控时间间隔、坏点判断的参数设定；
报警提示。

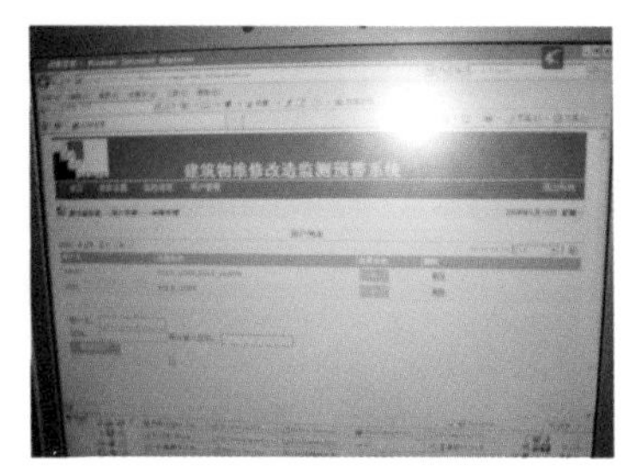

图 2-14　预警系统

2.3.4　结构加固技术

在使用过程中由于自身老化、各种灾害和人为损伤等原因使建筑物不断产生各种结构安全隐患，如不及时采取加固措施就有可能导致重大的质量安全事故。不同的建筑、构件的破损因素不同，破坏的程度不同，补强加固的要求也不完全相同，应根据各种不同情况选用合适的加固方法（图 2-15 ~ 图 2-21）。

增大截面技术

项目：虹口大楼（上海市优秀历史建筑）
时间：2013 年

老柱子表面凿毛；
钢筋定位绑扎；
支模板；
浇筑混凝土或灌浆料。

钢筋绑扎

钢筋绑扎完成

模板安装

模板安装完成

截面

图 2-15　增大截面

碳纤维加固技术

项目：复旦大学子彬院（上海市杨浦区文物保护单位、上海市优秀历史建筑）
时间：2009 年

基面打磨；
涂底层树脂；
粘贴碳纤维布。

碳纤维加固一

碳纤维加固二

图 2-16　碳纤维加固

粘钢加固技术

项目：衡山宾馆（上海市优秀历史建筑）
时间：2021 年

混凝土梁、钢板表面处理；
配制黏结剂；
粘贴钢板；
固定及加压；
涂刷防锈漆。

粘钢加固一

粘钢加固二

图 2-17　粘钢加固

外包角钢加固技术

项目：衡山宾馆（上海市优秀历史建筑）
时间：2021 年

柱面粉刷层等处理；
角钢就位校准；
缀板焊接；
无收缩水泥浆料灌浆；
钢构件表面涂刷防锈漆。

柱包钢加固一

柱包钢加固二

图 2-18　柱包钢加固

锚杆静压桩技术

定位；
开凿压桩孔和钻取锚固孔；
种植锚杆；
固定压桩架和千斤顶；
压桩；
达到设计要求后与原基础浇筑一体。

图 2-19　锚杆静压桩施工

木格栅楼板加固技术

项目：淮海中路 796 号双子别墅（上海市优秀历史建筑）
时间：2022 年

木搁栅间增加支撑点。

图 2-20　楼板加固施工

铁胀修缮技术

除锈；
钢筋补缺焊接；
涂刷钢筋防锈剂；
高强纤维水泥修补。

板铁胀修缮

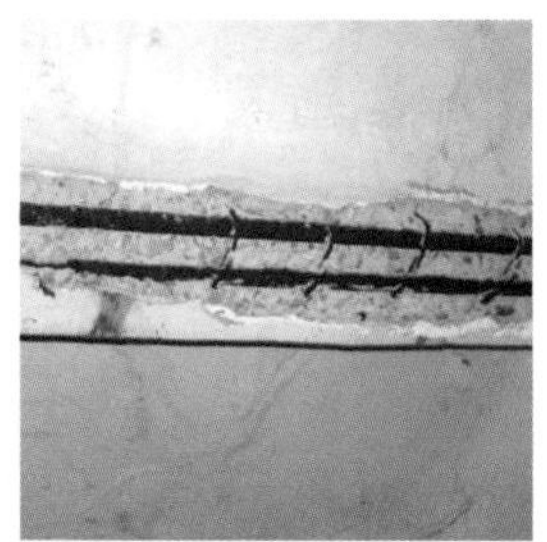

梁铁胀修缮

图 2-21　铁胀修缮

2.4 屋面保护性修缮典型工艺及应用

2.4.1 屋面修缮技术

针对历史建筑中屋面瓦片破碎、饰面破损、屋面漏水、材质腐烂、榫卯松动等各项问题，本类技术集成了各种屋面修复工艺（图2-22～图2-42），以最大限度地还原历史建筑中结构复杂、种类繁多的屋面造型。

瓦屋面修复技术工艺

项目：东风饭店（全国重点文物保护单位、上海市优秀历史建筑）
时间：2008 年

拆除屋面瓦、屋面板；
更换木檩条及木梁，然后加固处理；
更换木望板及不锈钢天沟；
在木望板上铺贴防水层；
安装顺水条、挂瓦条；
安装泡面玻璃保温板；
保温板檐口用檐口封条固定；
铺设平瓦，并在屋脊处用防水砂浆铺设脊瓦；
安装避雷带、避雷针。

瓦片保留

屋架体系修复

修复中

修复后

图 2-22　瓦屋面修复

机平瓦坡屋面修复技术

项目：爱马仕（上海）旗舰店（上海市优秀历史建筑）
时间：2012 年

旧瓦清洗，完整性分类；
完整性较好的瓦片铺设在主要面；缺失的瓦片进行同质采购更换，铺设在次要面；
铺设望板，用专用钉将其固定；
铺设沥青防水；
安装挂瓦条、顺水条；
铺设玻璃保温板；
铺设机平瓦；
落水管、落水沟等排水系统按设计定制安装。

机平瓦坡屋面

斜落水破损

原横落水

烟囱新构造

横落水修复

烟囱原构造

屋架修复

屋面修复后

图 2-23　机平瓦坡屋面修复

炮楼铜坡屋面修复技术

项目：和平饭店南楼（全国重点文物保护单位、上海市优秀历史建筑）

时间：2009 年

安装铜坡屋面；

外侧对铜坡屋面与大理石接触处进行防水处理；

外层铜饰面层采用黏结的方式进行安装；

纵向装饰条采用无钉锚固安装；

超过 30° 的坡屋面应对瓦片进行固定。

修复前

屋面钢骨架

修复后

铜坡屋面

图 2-24　铜坡屋面修复

平屋顶修缮技术

项目：东风饭店（全国重点文物保护单位、上海市优秀历史建筑）

时间：2008 年

原防水层修补：

清理屋面，凿除原找平层；

新做细石混凝土；

铺贴卷材；

做保温层。

屋面大面积破损：

原地坪装饰层铲除，铲至原结构地坪处；

陶粒混凝土整浇层，厚度由设计确定；

找坡，随捣随光，起坡厚度 50mm；

水泥砂浆找平；

采用防水卷材做防水层；

做保温层；

水泥砂浆找平。

栏杆外观不顺直：

栏杆敲铲，栏杆进行除锈；

栏杆锚固段进行加固；

油漆处理；

地坪修复。

屋面修缮前

屋面破损

屋面重新找坡

屋面保温

屋面防水

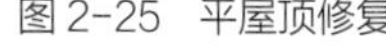

图 2-25　平屋顶修复

木屋架的修缮技术

项目：英商怡和纱厂旧址（上海市优秀历史建筑群）
时间：2022 年

轻微损坏采取局部更换，损坏严重部位整体更换；
屋架搁置点进行加固补强。

木屋架修复前

木屋架修复中

木屋架整体更换

木屋架整体更换

修复后室内

图 2-26　木屋架修复

中庭采光天棚修复技术

项目：东风饭店（全国重点文物保护单位、上海市优秀历史建筑）
时间：2008 年

原 T 形铁檩条全部更换；
在铁件裸露处统一刷铁件保护剂及防锈漆，最后满刷调和漆；
更换新的木檩条及木椽，然后加固处理；
拆除原破损檐沟，更换天沟；
下层拱顶玻璃更换夹胶安全玻璃。

钢架加固

木天棚修复

室外俯瞰效果

修复后

图 2-27　采光天棚修复

八角亭修复技术

项目：和平饭店北楼（全国重点文物保护单位、上海市优秀历史建筑）
时间：2009 年

对局部扭曲、变形的钢材、钢构件进行矫正，更换锈蚀、损坏严重的钢构件；

生锈的钢屋架、钢构件做全面除漆、除锈处理；

天棚上的玻璃进行逐块拆除清洗；

全面剔除老化、脱落的密封材料，更换防水密封材料。

八角亭外观

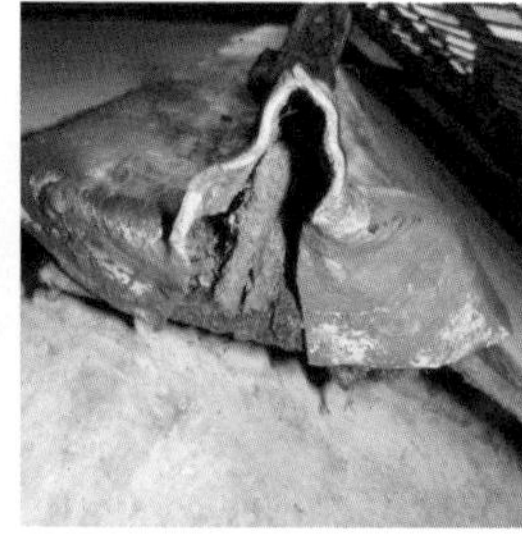
修复前原连接构件

修复中

脱漆

脱漆后除锈

修复后

图 2-28　八角亭修复技术

拱形发光玻璃顶棚修复技术

项目：中山东一路 29 号光大银行（全国重点文物保护单位、上海市优秀历史建筑）
时间：2011 年

拆除后加玻璃拱顶结构；

三维模拟天棚原有造型和结构承载方式；

天棚钢骨架制作；

玻璃安装。

历史照片

修复前

修复中

修复后采光天棚

图 2-29　玻璃顶棚修复

室外通风装置复原技术

项目：东风饭店（全国重点文物保护单位、上海市优秀历史建筑）
时间：2008 年

拆除原破损通风装置；

按原造型砌筑粉刷；

复原金属顶盖。

原通风口为木质，已损坏

根据原尺寸用青砖砌筑

砌筑粉刷

图 2-30　通风装置复原

檐口平顶板修复技术

项目：虹桥老宅（上海市优秀历史建筑）
时间：2020 年

拆除腐朽檐口平顶木板条；
脱漆出白处理；
涂刷防腐、防火涂料；
檐口平顶板钉在木屋架上；
修补缺失部位檐口平顶板；
重新油漆。

整修檐口平顶基层

脱漆

加工檐口平顶木板条

修补缺失的檐口平顶

修缮后

图 2-31　檐口平顶板修复

木梁、木椽修复技术

项目：虹桥老宅（上海市优秀历史建筑）
时间：2020 年

修补封檐板；
修补飞椽；
木梁加固；
修补木望板；
脱漆；
油漆。

修补封檐板

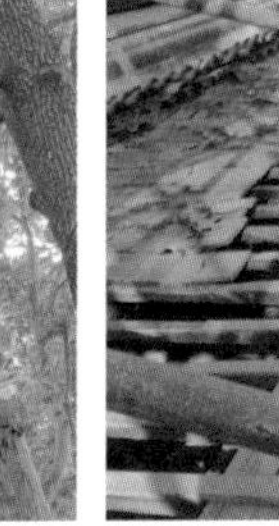
修补飞椽

木梁加固

修补木望板

脱漆

涂刷油漆线

木梁、木椽修缮后

图 2-32　木梁、木椽修复

屋脊修复技术

项目：虹桥老宅（上海市优秀历史建筑）
时间：2020 年

屋脊裂缝、缺损部位石灰修补；
筒瓦拼接金钱图案；
望砖砌筑镶边；
砖和瓦片砌筑；
施彩。

石灰修补酥碱部位

石灰修补裂缝

筒瓦拼接金钱图案

望砖砌筑镶边

砖和瓦片砌筑盖筒

施彩

图 2-33 屋脊修复

屋脊龙塑修复技术

项目：虹桥老宅（上海市优秀历史建筑）
时间：2020 年

龙骨架编制；
龙骨架固定；
填抹纸筋灰；
形体修饰；
龙爪、龙须制作。

工匠现场手绘龙造

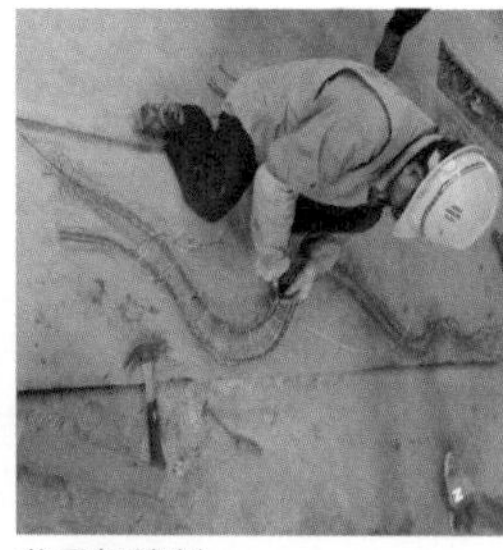
龙骨架编制

调整龙骨架位置

龙骨架固定

填抹纸筋灰

形体修饰

双龙戏珠修复前

双龙戏珠修复后

图 2-34 屋脊龙塑修复

戗脊修复技术

项目：虹桥老宅（上海市优秀历史建筑）
时间：2020 年

固定铁制戗挑；
缠绕麻丝；
批抹水泥；
批抹纸筋灰；
涂抹色灰；
压光。

固定铁制戗挑

缠绕麻丝型

批抹水泥

批抹纸筋灰

涂抹色灰

压光

戗脊修缮前

戗脊修缮后

图 2-35　戗脊修复

2.4.2　屋面构筑物修缮技术

烟囱修复技术

项目：中国银行大楼（上海市优秀历史建筑）
时间：2014 年

检测结构稳定性；
结构加固；
修缮清水砖墙 / 洗石子 / 混合砂浆 / 水泥砂浆等。

基层清理

粉刷抹面

图 2-36　烟囱修复

老虎窗修复技术

项目：虹口大楼（上海市优秀历史建筑）
时间：2013 年

老虎窗与屋面交界处铺设防水卷材进行防水处理，并设置天沟或斜沟；

对老虎窗墙面进行粉刷、安装老虎窗与主屋面相交处的踏步泛水，以及老虎窗的窗口泛水；

铺设主屋面瓦片。

老虎窗

老虎窗框架施工

老虎窗修复前后对比

图 2-37　老虎窗修复

券柱式平顶塔亭修缮技术

项目：虹口大楼（上海市优秀历史建筑）
时间：2013 年

粉刷、污染的部位进行清洗；

破坏、风化严重的重新进行修补；

天花线条、柱头雕饰按现有样式修复。

修复前

全面查勘

修复后

塔亭全景

图 2-38　平顶塔亭修复

穹顶修复技术

项目：中国银行大楼（上海市优秀历史建筑）
时间：2014 年

基层钢架保温材料等全部完成；
弧形穹顶铜板经过放样、编号、裁剪、氧化处理成型；
穹顶表面按照分割尺寸对号铺设；
铜皮接缝处采用铜质弧形条进行盖缝处理；
必要时进行冲淋试验。

钢框架修复施工　表面修复施工

表面修复施工　内构架修复施工　修复后

图 2-39　穹顶修复

天沟檐口修复技术

项目：西童女校（上海市优秀历史建筑）
时间：2015 年

根据设计要求采用铜质天沟，按照原有样式加工天沟、雨水管等部件；
雨水管等部件安装时对连接处和端头进行焊接等防渗处理。

修复前

修复后

修复清理后

图 2-40　天沟修复

铸铁落水管修复

项目：中国银行大楼（上海市优秀历史建筑）
时间：2014 年

缺失部位用新做铸铁管替换；
替换铸铁管的模数与原铸铁管一致；
卡管等部件全部换新。

修复前

修复后

图 2-41　铸铁落水管修复

檐沟修复技术

项目：虹桥老宅（上海市优秀历史建筑）
时间：2020 年

原状放样，原样制作；

翘角部位安装；

采用不锈钢螺栓将檐沟固定于木椽之上；

不锈钢支撑条在檐沟边缘与木椽加固，间距 1m；

安装檐沟时按要求进行 1% 的放坡斜度；

落水管安装，保持与墙面留有 10mm 的距离安装；

增加防落叶金属网。

修补飞椽

翘脚安装

翘脚与直段拼接

檐沟安装

支撑条安装

落水管安装

抱箍连接

焊接打磨

金属遮物网

檐沟修缮后

图 2-42　檐沟修复

2.5 外立面保护性修缮典型工艺及应用

2.5.1 外墙清洗技术

老建筑因为时间和自然的原因其外墙会存在很大的变化，建筑表面清洗是进行修缮维护的一个重要内容，它对于建筑外观的保持、原有建筑材料的保护等都具有重要的作用。墙体表面清洗以物理方法为主，必要时辅以化学方法，以便控制清洁程度，最大限度保护好原有墙体表层。常用的建筑清洗技术（图 2-43 ~ 图 2-56）有水洗法、化学溶剂法、敷剂法、超声法、无损排盐法等。

石材污水、灰尘清洗技术

项目：和平饭店南楼（全国重点文物保护单位、上海市优秀历史建筑）、外滩十八号（全国重点文物保护单位、上海市优秀历史建筑）、盐业银行大楼（上海市优秀历史建筑）

时间：2009 年、2010 年

采用小型高温蒸汽机配合塑料软毛刷或低压水枪进行人工清洗；

采用自动吸尘吸水机清理清洁过程产生的污水和垃圾；

对于仍然无法清洗的污垢，采用特种高效除垢清洗剂处理。

清洗前

局部清洗

修缮后

修缮后

清洗前

清洗后

图 2-43　石材污水、灰尘清洗

石材墙身铁锈清洗技术

项目：和平饭店南楼（全国重点文物保护单位、上海市优秀历史建筑）

时间：2009 年

用毛刷将除锈剂均匀涂刷于铁锈污染处，使其充分反应；

锈蚀较严重的地方用干净敷料配合除锈剂覆盖在上面，延长反应时间；

石材表面经处理后用清水清洗并涂刷抑锈剂。

清洗前

局部清洗后

图 2-44　石材墙身铁锈清洗

石材表面广告油墨清洗技术

项目：和平饭店南楼（全国重点文物保护单位、上海市优秀历史建筑）
时间：2009 年

采用高效去油漆剂与敷料混合后敷在石材表面，促进乳化作用；

采用涂鸦清洁剂均匀涂刷或敷贴的方式作用于涂鸦表面；

最后用小型高温蒸汽机清洗去除残留物。

表面广告油墨

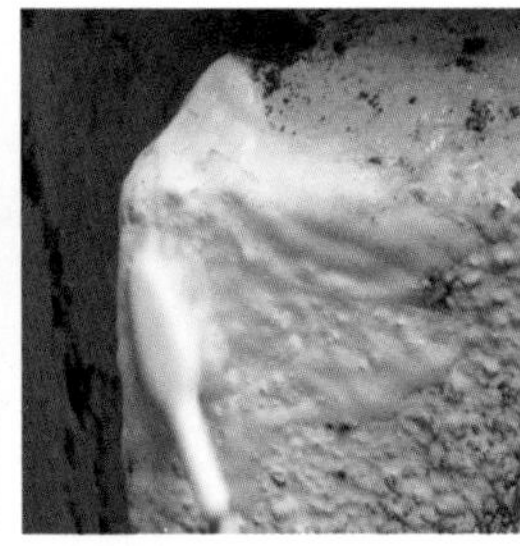
试剂刷洗

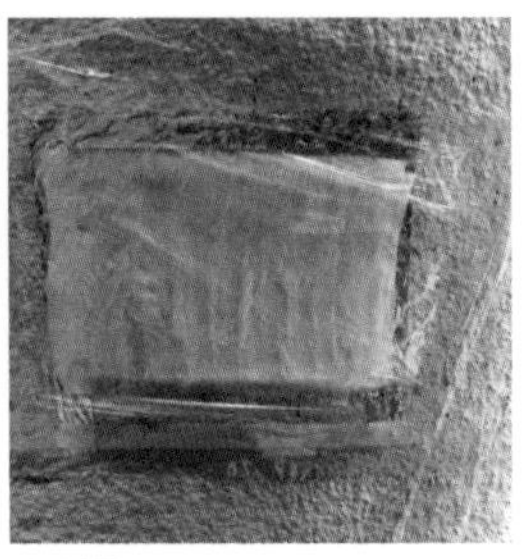
试剂敷设

不同试剂清洗试验

局部清洗后

图 2-45　石材表面广告油墨清洗

外墙金属构件及苔藓清除技术

项目：和平饭店南楼（全国重点文物保护单位、上海市优秀历史建筑）
时间：2009 年

小心拆除支架；

拆除预埋铁件；

采用玻璃钻取芯，清除墙内残存金属物；

清铲原砖墙面苔藓，采用专用清洗剂根除墙面苔藓残留物。

铁锈、苔藓

铁锈

清除苔藓

构件去除

图 2-46　外墙金属构件及苔藓清洗

外墙涂料或水泥添加物清除技术

项目：和平饭店南楼（全国重点文物保护单位、上海市优秀历史建筑）
时间：2009 年

采用脱漆剂涂覆表面，漆层软化后用抹刀刮除，再用高压水枪清洗表面；

水泥粉刷层清洗：人工凿除或铲刀铲除，确保不损伤原有墙面。

涂料污染

后加物污染

清洗

局部清洗后

图 2-47　外墙涂料或水泥添加物清洗

2.5.2　外墙修复技术

历史保护建筑外墙装饰材料多为花岗石、鹅卵石、水刷石、斩假石、清水砖、泰山砖、面砖、涂料等等，针对不同的外墙材料采取相应的修复技术与方法是关键，该类技术集成了基于保护建筑的室外墙体不同装饰材料修缮的工艺工法，确保现代材料和技术运用于历史建筑中取得较好效果。

外墙面花岗石修复技术

项目：虹口大楼（上海市优秀历史建筑）
时间：2013 年

裂缝＜3mm 用防渗水乳胶注填，再用同质石胶嵌补；

裂口≥3mm 用细针式压密灌浆低碱水泥拌防渗水乳胶进行胶合封闭，深度＞10mm 的再用同质石粉拌胶批补裂缝处；

孔、洞部位：采用同质石粉加拌专用乳胶填补缺损处；

缺棱掉角采用同质胶凝材料黏固技术进行修补；

断裂的修复（化学注浆锚固法）：用填缝剂对断裂处进行填充；

严重破损部位按原型尺寸加工成型材进行替换或采用同质花岗岩石料进行镶嵌拼接；

拆下松动部分，用原始花岗岩重新铺装；

采用同质同色材料进行勾缝修复。

修复前

清洗后

修复后

图 2-48　花岗石修复

花岗石包括各类以石英、长石为主要的组成矿物，并含有少量的云母和暗色矿物的岩浆岩和花岗质的变质岩，外观常呈整体均粒状结构的特征，体现出建筑的品质与奢华、庄重与美感。

外墙面鹅卵石修复技术

项目：东风饭店（全国重点文物保护单位、上海市优秀历史建筑）
时间：2008 年

严重毁损处铲除鹅卵石及粉刷层至墙面基层，结构裂缝用耐碱网格布与修补砂浆进行修补；

重新刮糙粉刷；

准备与原墙面同质、同色的鹅卵石及水泥材料；

罩面粉刷（鹅卵石黏结层）；

采用“甩贴”法黏结鹅卵石；

拍平、修整、处理黑边；

轻微破损处局部修补。

鹅卵石脱落

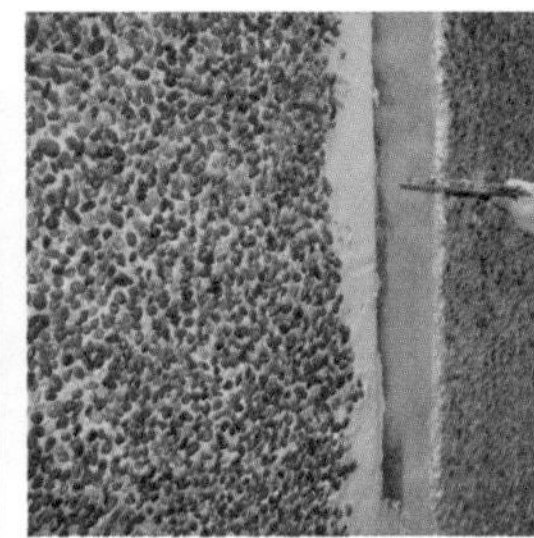
鹅卵石修复中

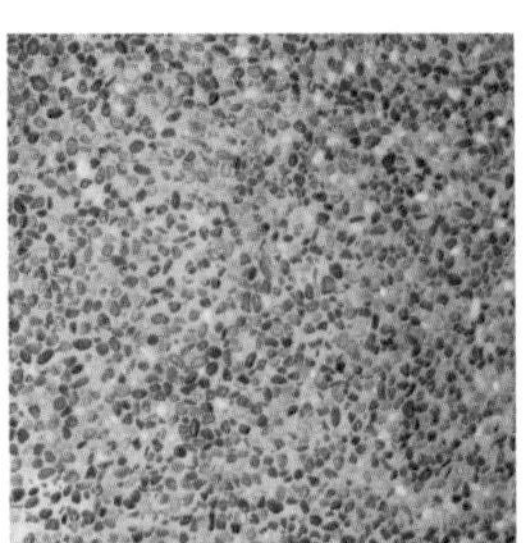
鹅卵石修复后

图 2-49　鹅卵石修复

鹅卵石指的是风化岩石经水流长期搬运而成的粒径为 60 ~ 200mm 的无棱角的天然卵石颗粒。卵石墙面即干粘石是墙面抹灰做法的一种，是质感粗糙而体现建筑装饰风格的特种粉刷。

外墙面水刷石修复技术

项目：复旦大学子彬院（上海市杨浦区文物保护单位、上海市优秀历史建筑）
时间：2009 年

保护其他完好的水刷石墙面；

采用修补骨料及浆料对破损及裂缝部位进行修补；

局部破损部位墙面基层处理：表面凿毛，清洗后涂刷界面剂；

抹底层砂浆；

抹水泥石渣浆面层；

修整、喷刷：把表面水泥浆冲洗干净露出石渣。

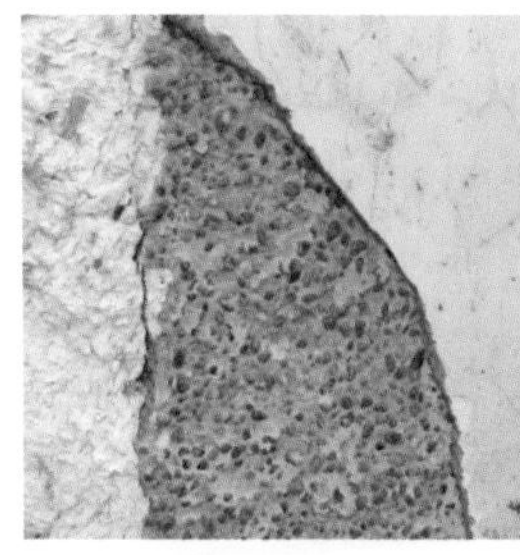
脱落

裂缝

修复前

修复后

图 2-50　水刷石修复

一种仿石粉刷，制作过程是用水泥、石屑、小石子或颜料等加水拌合，抹在建筑物的表面，半凝固后，用硬毛刷蘸水刷去表面的水泥浆而使石屑或小石子半露。

外墙面斩假石修复技术

项目：和平饭店南楼（全国重点文物保护单位、上海市优秀历史建筑）
时间：2009 年

凿除局部空鼓斩假石；
采用同质材料在开裂、破损部位开槽修补；
石屑砂浆修补，达到强度后按照原有样式斩痕；
采用拼色剂对墙面进行处理；
涂刷憎水型保护剂。

面层斩剁

面层斩剁

图 2-51　斩假石修复

一种人造石料，制作过程是用石粉、石屑、水泥等加水拌和，抹在建筑物的表面，半凝固后，用斧子剁出像经过细凿的石头那样的纹理。

外墙面清水砖墙修复技术

项目：外滩 18 号春江大楼（全国重点文物保护单位、上海市优秀历史建筑）
时间：2010 年

砖面保留较好的进行理缝、清洗；
泛碱部位进行排盐处理；
破损深度小于 20mm：清洗、砖粉修补；
破损深度大于 20mm：镶贴砖片：采用石灰基砌筑砂浆进行黏结；
风化特别严重部位用同规格砖块挖砌；
同质同色材料勾底缝；
勾面缝；
采用拼色剂进行拼色处理；
必要时采用岩石增强剂增强。

破损

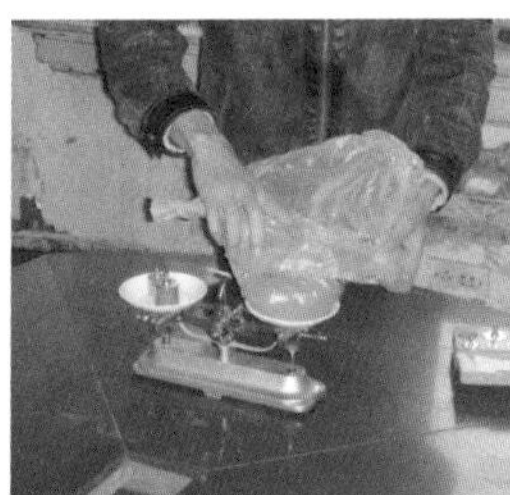
砖粉配比

试剂

配色

外窗拱券砌筑一

外窗拱券砌筑二

理缝

勾底缝

勾面缝

制作小样

抗渗处理

图 2-52　清水砖墙修复

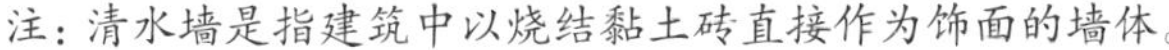

注：清水墙是指建筑中以烧结黏土砖直接作为饰面的墙体。

清水砖外墙砌筑技术

项目：北外滩世界会客厅
时间：2021 年

保护性拆除老砖，将砖块统一尺寸；

采用预排盐及预增强的方式对单砖进行预处理；

结构与墙体采用 ф6～8mm 不锈钢拉结筋及 2mm 厚不锈钢板进行拉结；

焊接部位均涂刷环氧富锌漆；

砖墙砌筑中需将外立面保留构件进行还原；

按原有砖线条造型进行砖块的砌筑加工；

采用与砖面颜色接近的砖粉进行底缝勾缝；

面缝采用勾缝剂，按要求为勾平缝形式；

采用泛碱清洗剂喷涂 2～3 遍；

采用增强剂喷涂处理，增强剂渗透到墙体表面 5～8mm 深；

最后进行憎水处理，由上而下喷淋两遍。

步骤 1：切割（老砖加工统一规格尺寸）

步骤 2：加工砖进行挑选、清理、晾干、打磨（雕刻砖精选）

步骤 3：单砖预排盐及晾干

步骤 4：单砖预增强及晾干

步骤 5：打包（准备送现场）

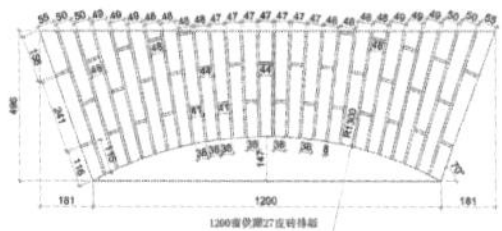
步骤 6：排版（老的普通砖、砖线条、发券砖、雕刻砖）

步骤 7：放线（水平控制线、轴线、窗中线）

步骤 8：导墙制作（防水砂浆抹面）

步骤 9：勒脚石材安装

步骤 10：背衬镀锌钢板安装（交界面防火涂料铲除，密封胶收边）

步骤 11：淋水试验

步骤 12：钢圈梁及钢构柱钢丝网粉刷

步骤 13：砖柱（竖皮数杆、砖盘角）

步骤 14：砌筑（拉通线、大面砌筑）

步骤 15：拉结筋（5 皮砖一道）

步骤 16：拉筋钢片（5 皮砖一道）

步骤 17：窗下口装饰篦子安装

步骤 18：窗台石安装

步骤 19：窗拱券排版砌筑

步骤 20：檐口石材安装

步骤 21：柱头花式安装

步骤 22：压顶石材安装

步骤 23：山花砌筑（砖雕花打磨）

步骤 24：开缝

步骤 25：清缝

步骤 26：勾底缝

步骤 27：表面打磨

步骤 28：勾面缝

步骤 29：修色

步骤 30：排盐处理

步骤 31：增强处理

步骤 32：憎水处理

图 2-53　清水砖墙砌筑

外墙面面砖修复技术

项目：和平饭店南楼（全国重点文物保护单位、上海市优秀历史建筑）、虹口大楼（上海市优秀历史建筑）、西童女校（上海市优秀历史建筑）

时间：2009 年、2013 年、2015 年

清理后采用同质同色材料调和修补剂填补开裂、孔洞处；

空鼓部位采用注浆法或树脂锚固螺栓法进行修补；

面砖脱落、损坏严重部位凿除至基层，配置原配比砂浆进行找平，采用原面砖粘贴方式替补面砖；

采用同质同色材料进行勾缝。

修缮前

墙面脱漆

凿除

修复

修复后

图 2-54　面砖修复

外墙涂料修复技术

项目：盐业银行大楼（上海市优秀历史建筑）

时间：2010 年

清洗原墙面污垢、灰尘；

粉刷层开裂处将裂缝切割成 V 形槽，采用原配比砂浆按原肌理补平；

局部或全部涂刷涂料。

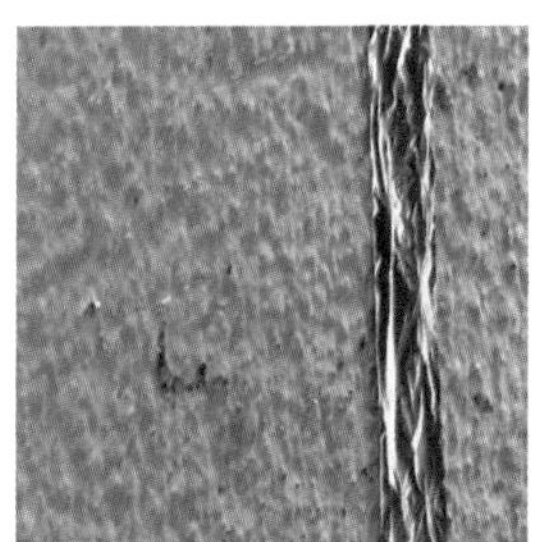

修复前外墙涂料

孔洞

裂缝

破损

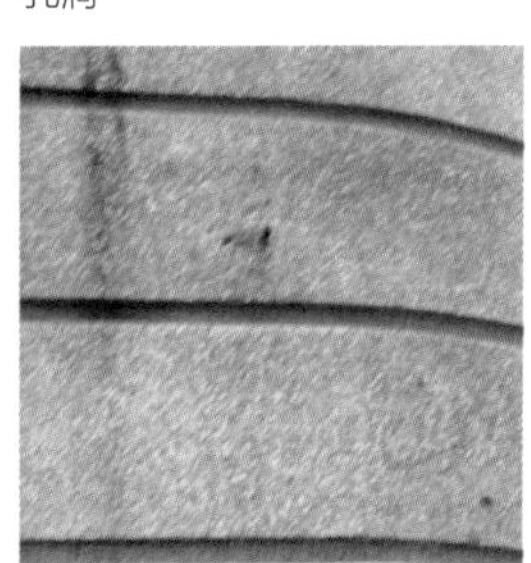

清洗后

图 2-55　外墙涂料修复

涂料墙面弹涂修复技术

项目：盐业银行大楼（上海市优秀历史建筑）
时间：2010 年

起壳、空鼓的粉刷层进行斩粉；
墙面用外墙腻子批嵌平整；
嵌补过腻子的部位需打磨平整；
用滚涂或刷涂的方法涂刷底色；
弹花点：将彩弹涂料装入彩弹机料斗内，启动空压机电源开关进行弹涂；
压花纹：待弹上的花点有二成干时用钢皮批板或印刷用胶辊压花纹。

涂料墙面弹涂修复前

破损

孔洞

修复后墙面

图 2-56　弹涂修复

2.5.3　外墙门窗修复技术

老建筑中门窗多存在年久易收缩开裂变形等问题，其保温性、密封性和耐冲击性能等远无法满足现代建筑门窗要求，故该类技术特用于对老旧门窗进行科学有效的修复（图 2-57 ~图 2-64），以提高其使用性能满足现代化建筑要求。

木门扇、门框原位修复技术

项目：东风饭店（全国重点文物保护单位、上海市优秀历史建筑）

时间：2008 年

勘察木窗，统计窗的开启形式、五金类型等；

门窗损坏不明显、局部可修复的情况，以局部修缮为主；

木门窗翘曲变形，用木榫进行校平；

清理、油漆；

玻璃的安装。

修复前木窗

修复前旋转门

破损情况

破损情况

附着物去除，脱漆处理

加固

脱漆试验

原位修复

工厂还原加工

工厂修复

图 2-57　木门扇、门框原位修复

木门修复技术

项目：虹桥老宅（上海市优秀历史建筑）
时间：2020 年

木门脱漆出白；
壁柱修复；
门梁批油灰；
门钉五金安装；
油漆。

木门脱漆板

大门壁柱修复

门梁批油灰

门钉五金安装

大门涂刷油漆

大门修缮后

图 2-58 木门修复

铝合金仿木门窗修复技术

项目：和平饭店南楼（全国重点文物保护单位、上海市优秀历史建筑）
时间：2009 年

拆除破损窗；
木楔固定窗框，塑料膨胀螺钉固定铁脚；
砂浆和细混凝土封铁脚；
窗周边采用砂浆粉刷；
安装框扇。

铝合金仿木门

铝合金仿木窗安装后

图 2-59 铝合金仿木门窗修复

钢窗修复技术

项目：上海市锦江饭店锦福会（上海市文物保护单位、上海市优秀历史建筑）
时间：2018 年

钢框与墙连接情况检查；
校正钢窗挠曲，插销、窗铰链等零部件上油润滑；
窗扇残缺及断裂构件按原样重新定制调换；
钢窗脱漆除锈、油漆；
安装玻璃夹；
玻璃安装；
油灰批嵌；
清洁玻璃。

修复前钢窗

修复前

批油灰

修复中

修复后

图 2-60　钢窗修复

铁门修复技术

项目：东风饭店（全国重点文物保护单位、上海市优秀历史建筑）
时间：2008 年

检查铁门平整度，对弯曲部位进行校正；
脱漆后进行防锈漆处理；
重新刷漆。

修复前铁门

修复前

修复中

刷防锈油漆

修复后

图 2-61　铁门修复

镶嵌彩色玻璃门窗修复技术

项目：和平饭店南楼（全国重点文物保护单位、上海市优秀历史建筑）
时间：2009 年

清洗；
微小的铅条损坏修复；
补缺彩色玻璃。

图 2-62　修复前彩色玻璃门窗

木窗修复技术

项目：西童女校（上海市优秀历史建筑）、东湖宾馆（上海市优秀历史建筑）
时间：2015 年、2012 年

木窗框局部原有漆膜剥落老化，需起底出白后重新油漆；
松动、变形、开裂部位进行修整，局部毁损部位进行更换修补；
窗台破损不严重部位采用原材质修补。

木窗修复前——西童女校

木窗修复后——西童女校

门厅修复前——东湖宾馆

门厅修复后——东湖宾馆

图 2-63　木窗修复

水磨石窗台修复技术

劣化检视、凿除；
裂缝、残损修补，缺失部位用同质同色水磨石予以修补后研磨平整；
补色和打蜡处理。

图 2-64　水磨石窗台

2.5.4 室外特色构件修复技术

历史建筑外墙构造中不乏装饰有各式各样特色构件，针对不同的特色构件需采用科学、合理的专有保护修缮技术（图 2-65 ~ 图 2-86），以更好地维护这类宝贵建筑的功能性、安全性和稳定性。

中式构件修复技术

项目：市百一店（上海市文物保护单位、上海市优秀历史建筑）
时间：2017 年

对原有中式构件缺失部位进行拓样；
保存完好部分并对污渍进行清洗
对松动部位进行加固处理；
破损严重部位按同质材料进行复制安装。

室外中式构件

修复前

修复后

图 2-65　中式构件修复

铸铁花饰栏杆修复技术

项目：东风饭店（全国重点文物保护单位、上海市优秀历史建筑）
时间：2008 年

全面勘察，对松动部位进行加固；
缺损部位选择生产厂家开模具，按照原样铸造、加工成型原位安装；
对铸铁构件进行脱漆、除锈处理后涂刷防锈剂；
罩面漆施工。

图 2-66　铸铁花饰栏杆

外廊天花修复技术

清洗涂层；
缺损部位采用原材料修补；
按设计要求进行饰面涂装。

图 2-67　修复前外廊天花

女儿墙修复技术

清理混凝土松动部位；
锈蚀钢筋除锈补强；
混凝土压顶修补；
墙身修补。

图 2-68　女儿墙压顶

围脊修复技术

项目：虹桥老宅（上海市优秀历史建筑）
时间：2020 年

铺根瓦、筑攀脊；
砌筑滚筒；
砌筑二路线；
盖筒新旧结合部位。

铺根瓦、筑攀脊

砌筑滚筒

砌筑二路线

盖筒新旧结合部位

新旧结合部位精修

围脊修缮前

围脊修缮后

图 2-69　围脊修复

外立面莨苕修复技术

项目：四川中路 133 号大楼（上海市优秀历史建筑）
时间：2020 年

3D 扫描建模；
雕刻阳模；
浇筑阴模；
浇筑成品；
现场安装、油漆。

现场 3D 扫描

3D 打印小样确认

金属莨苕涂刷防锈

金属莨苕完成

金属莨苕修缮前

金属莨苕修缮后

图 2-70　外立面莨苕修复

外立面花饰修复技术

项目：四川中路 133 号大楼
（上海市优秀历史建筑）
时间：2020 年

3D 扫描建模；
3D 小样雕刻确认；
1∶3 水泥砂浆打底（硬底脚）或纸筋石灰膏打底（软底脚）；
刮素水泥浆一遍；
8～12mm 厚水刷石抹面；
冲洗水泥浆。

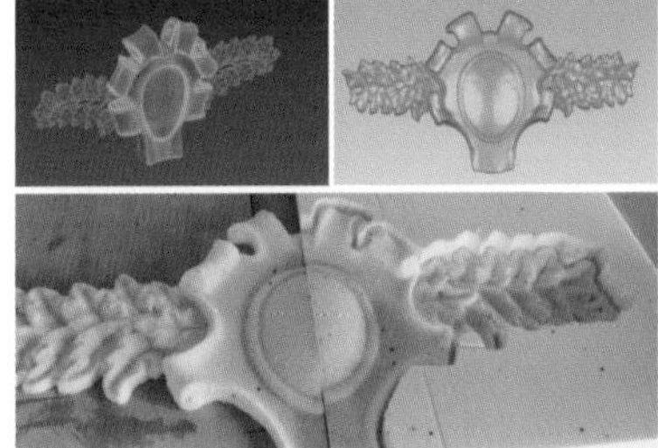

3D 建模与 3D 小样雕刻确认

固定盾形纹章基层

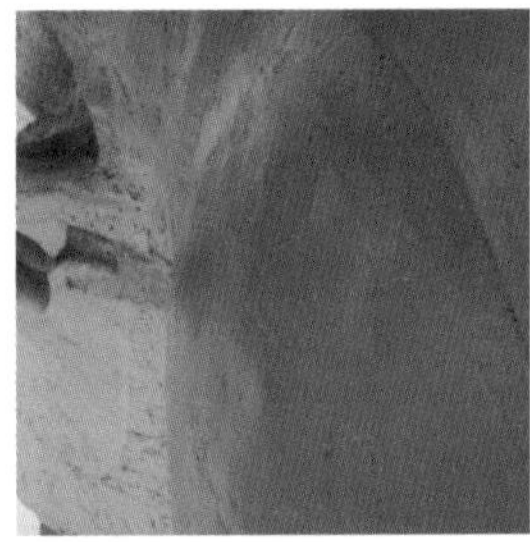

水刷石抹面

冲洗水泥浆

盾形纹章修缮前

盾形纹章修缮后

图 2-71　外立面花饰修复

花岗岩柱修复技术

项目：亚细亚大楼（全国重点文物保护单位、上海市优秀历史建筑）
时间：2009 年

表面清洗，去除柱内膨胀螺栓等残留物；
孔洞可在原石材取石填充或采用同质石粉修补；
原石柱拼缝处清洗后剔除松动部位，采用原材料重新嵌缝；
必要时采用岩石增强剂进行增强处理。

花岗岩柱修复前

修复前

图 2-72　花岗岩柱修复

花式栏杆修复技术

清洗后检查缺损松动部位；

混凝土压顶缺损部位进行钢筋除锈，再采用高强修补砂浆现场修复至原有造型；

宝瓶构件缺损部分整体切除，按原样复制，在构件上植入钢筋或销栓与花饰栏杆原体进行连接。

图 2-73　花式栏杆修复前

采光雨棚修复技术

项目：东风饭店（全国重点文物保护单位、上海市优秀历史建筑）、和平饭店南楼（全国重点文物保护单位、上海市优秀历史建筑）
时间：2008 年、2009 年

现场勘查遗留原物，巧断雨棚原始尺寸；

仿真模拟技术，恢复雨棚原貌；

修缮方案制定，提交交管会审批；

采用原来的热工锻压、铆钉连接等传统工艺恢复雨棚；

采用三维技术模拟雨棚结构；

工厂采用三维数据设置加工平台；

利用三维平台焊接雨棚构架；

安装采光玻璃；

现场吊装，达到可逆性安装的原则。

1912 年无雨棚状态

1920 年出现的雨棚

雨棚修缮前局部

三维模型

加工平台

雨棚构架

雨棚修缮后局部

雨棚修复后

雨棚修复后

图 2-74　采光雨棚修复

金属制品修复技术

项目：外滩 14 号总工会（全国重点文物保护单位、上海市优秀历史建筑）
时间：2008 年

去除金属表面污染物；

拆下损坏严重部位，生产厂家开模具和浇铸成形；

防锈和安装。

图 2-75　铜艺花饰

铸铁排水系统修复技术

项目：东风饭店（全国重点文物保护单位、上海市优秀历史建筑）
时间：2008 年

在檐口及水落管位置弹线；

檐沟安装：根据屋面的形状及测量的檐口长度，进行分段檐沟的裁切及连接；

安装铸铁落水管；

檐沟安装完毕，对连接处、端部进行焊接等密封。

铸铁排水管复原前

修复前

修复中

修复后

图 2-76　铸铁排水系统修复

雨水集水池修复技术

项目：东风饭店（全国重点文物保护单位、上海市优秀历史建筑）
时间：2008 年

凿除至结构面层；

采用修补砂浆修补破损部位后找平；

地面抹聚合物水泥砂浆防水涂料，上翻 1 500mm；

铺设防水卷材，上翻 1 500mm；

蓄水试验。

修复前

抹水泥砂浆

防水卷材铺贴

闭水试验

修复后

图 2-77　雨水集水池修复

石雕门楣修复技术

项目：中国银行大楼（上海市优秀历史建筑）
时间：2014 年

脱漆和清洗表面污垢；
轻微破损不作修复；
较大破损部位采用与原材料相匹配的石材修复。

清理

脱漆

临时保护

表面修复

石雕门楣及雕饰修复后

图 2-78　石雕门楣修复

装饰腰线修复技术

项目：中国银行大楼（上海市优秀历史建筑）、爱马仕（上海）旗舰店（上海市优秀历史建筑）
时间：2014 年、2012 年

清理石材檐口；
缺失厚度在 30mm 以内，直接凿毛处理，涂界面剂后使用聚合物水泥砂浆分层抹压修补；
缺失厚度大于 30mm 时，需要植筋、凿毛、浇筑类似混凝土基层。

东湖宾馆入口处腰线

石材裂缝

石材破损

清理

采用连接件固定连接

石材黏结剂黏结

黏结材料配比

临时支撑

修复好的石材腰线

图 2-79　装饰腰线修复

入口处水磨石修复技术

项目：东湖宾馆（上海市优秀历史建筑）
时间：2012 年

凿除损坏部位；
凿除面上刷一道界面剂；
倒入搅拌后的水泥石子浆（参照原始水磨石的粒径、颜色进行调配）；
水泥石子浆压紧抹平；
采用传统方法整体打磨；
草酸清洗；
打蜡保养。

门厅入口修复前

门厅入口修复后

图 2-80　水磨石修复

石材宝瓶栏杆修复技术

项目：中国银行大楼（上海市优秀历史建筑）
时间：2014 年

对破损宝瓶栏杆表面清理后采用增强剂进行增强处理，采用同质石粉进行修复；
对破损严重无法修复的原样复制；
必要时拆卸修复后再归位。

宝瓶栏杆

拆卸原破损宝瓶

增强处理

宝瓶修复

宝瓶安装

图 2-81　石材宝瓶栏杆修复

水刷石勒脚修复技术

项目：西童女校（上海市优秀历史建筑）
时间：2015 年

清洗表面；
破损部位用同色水泥石渣修补，并按水刷石工艺进行修复；
修补后进行拼色处理。

修复前

修复后

图 2-82　水刷石勒脚修复

砖雕花饰修复技术

项目：爱马仕（上海）旗舰店（上海市优秀历史建筑）、西童女校（上海市优秀历史建筑）
时间：2012 年、2015 年

清洗表层涂料，明确其砖体材质风化情况，确认原砖材质和肌理；

对风化较浅（≤ 3mm）的部位采取局部防风化增强处理不做修补；

脱落深度 > 3mm 的花形采用砖粉或砖片进行修复；

毁损缺失严重部位按照原样式砖雕镶嵌处理；

根据老图纸进行 CAD 模拟，实现三维模型数字复原；

根据数字模型进行砖雕切割，用销钉进行安装修复；

缺失装饰柱经考证后用同质同色材料进行修缮恢复。

表面清理

打孔穿筋

造型平色

横缝清理

竖缝清理

砖雕花饰修复前

砖雕花饰修复后

砖雕数字缺失

砖雕数字修复前

历史照片

山花修复前

山花修复后

山花修复后——文字颜色确定

图 2-83　砖雕花饰修复

铁艺构件修复技术

铁栏杆清理及除锈；
锯去锈烂部分，用相同材料替换；
翘曲的进行校正，部分锈蚀严重或损坏的铁栏杆，采取截取、调换、焊接、打磨的方法修补；
缺损部件按原样进行外加工后补缺；
涂刷防锈漆、面漆。

室外铁艺栏杆

清理

胶漆

刷漆

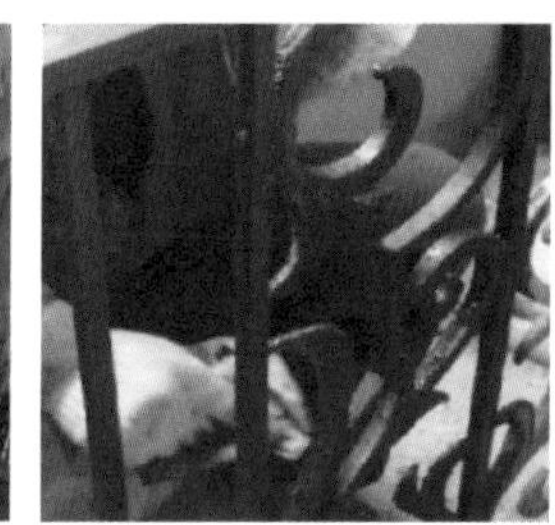
修复后

图 2-84　铁艺构件修复

装饰性水泥仿石修复技术

项目：亚细亚大楼（全国重点文物保护单位、上海市优秀历史建筑）
时间：2009 年

清理表面；
破损严重部位现场根据原有样式制作模具；
新制水泥仿石并安装；
局部损坏部分刷界面剂，采用防开裂纤维、砂浆填补；
裂缝用水泥灌浆修复。

水泥仿石饰面

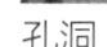
孔洞

V 字槽缝底加固及界面

止阀针式灌浆

图 2-85　装饰性水泥仿石修复

架空层通风口锈蚀污损修复技术

项目：西童女校（上海市优秀历史建筑）
时间：2015 年

在维持原状的情况下对铸铁格栅进行防锈处理；
增加排水沟，做必要的排水梳理，防止雨水侵入室内。

通风口修复前

通风口修复后——原状展示

图 2-86　通风口修复

2.6 室内保护性修缮典型工艺及应用

2.6.1 地坪修复技术

目前，国内外对保护类建筑物的保护及修缮都坚持以原真性为基本原则，本类技术借鉴了公司多年来对大量保护类建筑的修缮工程，集成了大理石、马赛克、水磨石、陶土砖、木地板、瓷质砖等不同饰面地坪修复技术（图 2-87 ~ 图 2-92），以期更好地推进对保护类建筑的复原与改善。

大理石地坪修复技术

项目：东风饭店（全国重点文物保护单位、上海市优秀历史建筑）、中央商场（上海市优秀历史建筑）、美伦大楼（上海市优秀历史建筑）

时间：2008 年、2017 年

原位揭板修复技术

对有裂缝、缺损的大理石板块进行揭板处理做旧；

拼接裂缝，修补缺损；

底面加固处理；

粗磨检查；

涂刷石材养护剂；

现场重新铺贴；

清缝补缝；

整体打磨；

抛光；

涂刷石材养护剂；

晶面保养

常规修复技术

墙面填补腻子对螺孔等部位进行实填；

用与表面大理石相同颜色材质的小块石材破碎成粉后，掺合黏结剂后（如云石胶）分多次修补填平石材裂缝及螺孔等；

缺损石材的补缺和坏损石材的替换；

全面清洗；

修补石材勾缝；

整体打磨；

石材保护；

石材抛光、结晶处理。

大理石地坪

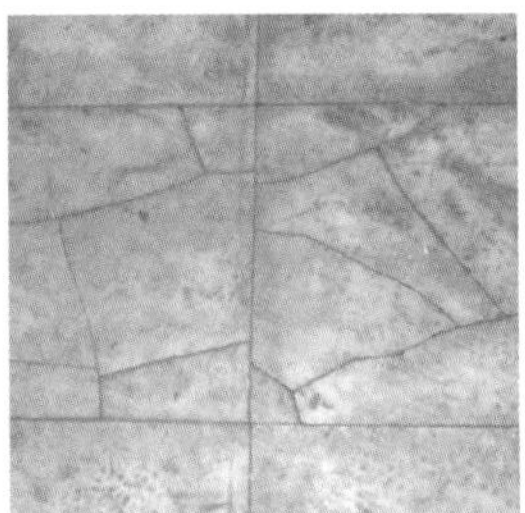

石材地坪修复前

蒸汽清洗

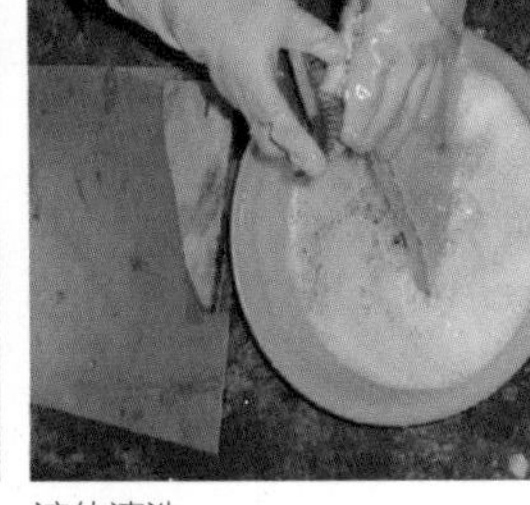

液体清洗

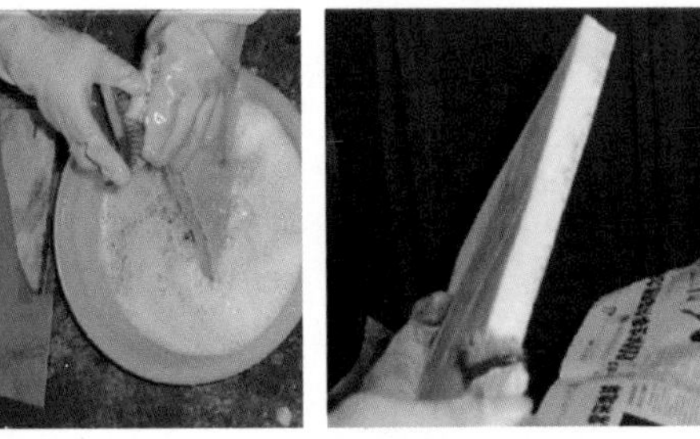

缝口涂胶

胶口缝合

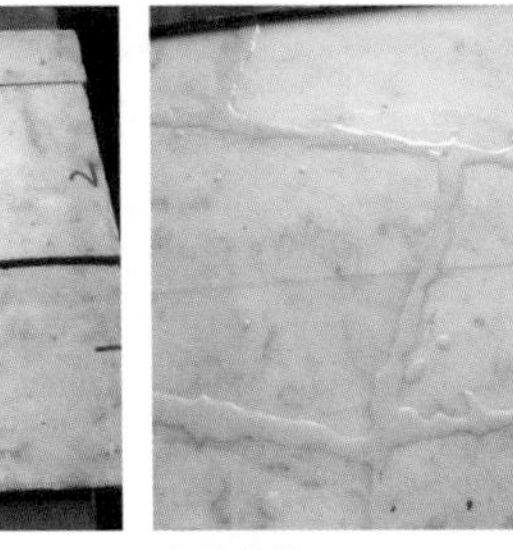

夹具收缝

原正面加固

原背面抛光

修复后

图 2-87 大理石地坪修复

装饰性水泥仿石修复技术

项目：亚细亚大楼（全国重点文物保护单位、上海市优秀历史建筑）、中央商场（上海市优秀历史建筑）、美伦大楼（上海市优秀历史建筑）

时间：2009 年、2017 年

特殊异地重铺工艺

现场清洁；

在马赛克表面附上硫酸纸，对每块马赛克缝口进行临摹存档；

根据铺贴要求将硫酸纸的临摹底图分割成小单位；

拆除整块马赛克；

把起下的马赛克的正面根据位置、方向正确地粘贴在异地；

缺损部位利用相近马赛克改制成该形状，粘补入缺损处。

常规性修复

对马赛克进行检查，对损坏程度做好记录；

严重松动马赛克进行小心拆除，清洗后用黏结修复；

用气泵清理裂缝，并湿润饰面；

裂缝可采用腻子做底层嵌填材料，外层用颜色与原勾缝砂浆相近似的砂浆或采用内部注浆擦缝修补。

马赛克地坪

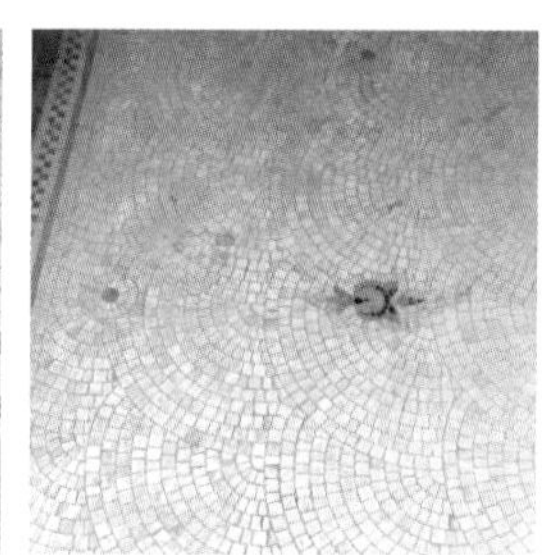

修复前

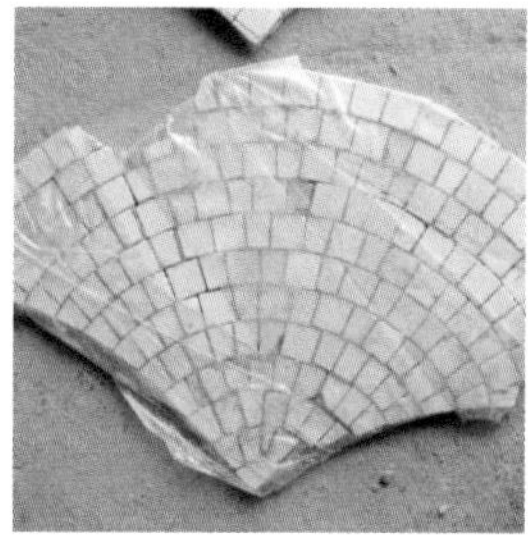

原物揭起保护

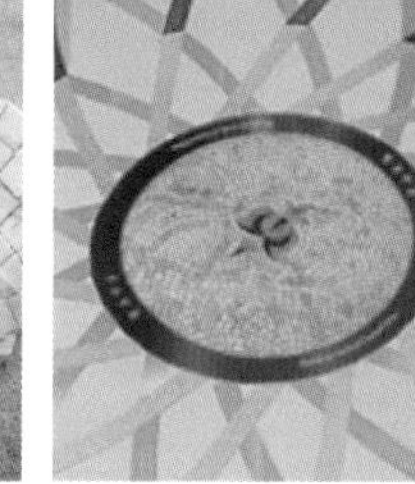

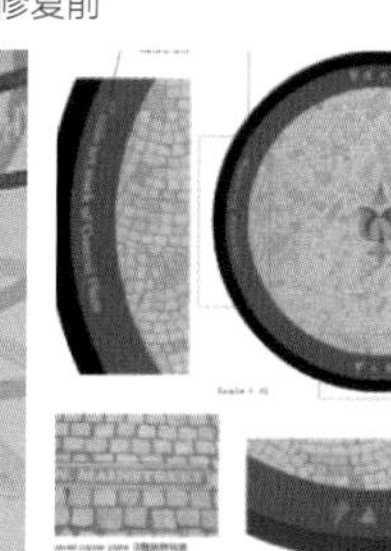

新、旧马赛克地坪修复

图 2-88　装饰性水泥仿石修复

水磨石修复技术（地面、踢脚线、楼梯踏步）

项目：上海总工会大楼（全国重点文物保护单位、上海市优秀历史建筑）、虹口大楼（上海市优秀历史建筑）、中国银行大楼（上海市优秀历史建筑）

时间：2008 年、2013 年、2014 年

凿除损坏部位；

凿除面上刷一道界面剂；

倒入搅拌后的水泥石子浆（参照原始水磨石的粒径、颜色进行调配）；

水泥石子浆压紧抹平；

修补处打平；

采用传统方法整体打磨；

草酸清洗；

打蜡保养。

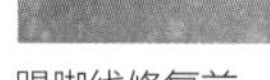

踢脚线修复前

镶嵌铜条修复

踢脚线修复后

彩色水磨石地坪修复后

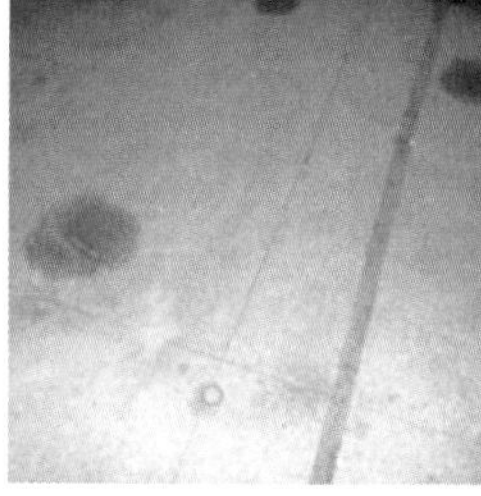

地坪污染严重

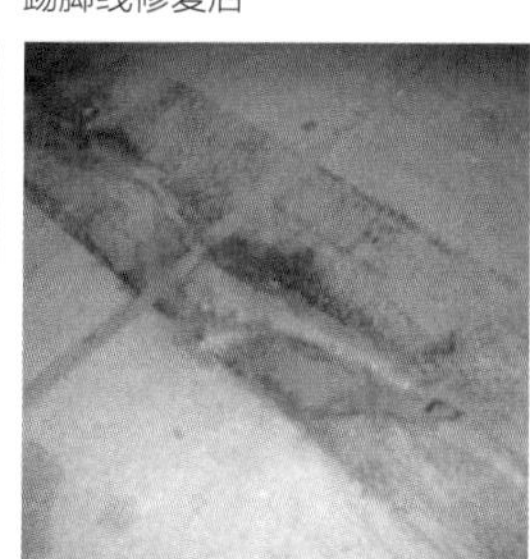

开裂

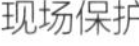

现场保护

修复后

图 2-89　水磨石修复

陶土砖地坪修复技术

项目：亚细亚大楼（全国重点文物保护单位、上海市优秀历史建筑）
时间：2009 年

采用中性溶剂或用高压蒸汽清洗；

拆除原破损严重的红缸砖，以色泽、材质相近的材料按原有样式恢复施工；

对于局部有小缺损的，采用调制颜色相近的大理石胶或水泥进行局部修补；

有磨损的砖体使用中性溶剂或用高压蒸汽清洗即可，保留原有的历史痕迹。

修复前

修复中

图 2-90　陶土砖地坪修复

木地板修复技术

项目：东风饭店（全国重点文物保护单位、上海市优秀历史建筑）、东湖宾馆（上海市优秀历史建筑）
时间：2008 年、2012 年

起鼓脱落木地板进行重新铺设；

局部毁损木地板进行更换；

地板进行防腐、防蚁处理并严格控制其含水率；

整体修缮完成后进行磨光、油漆、上蜡。

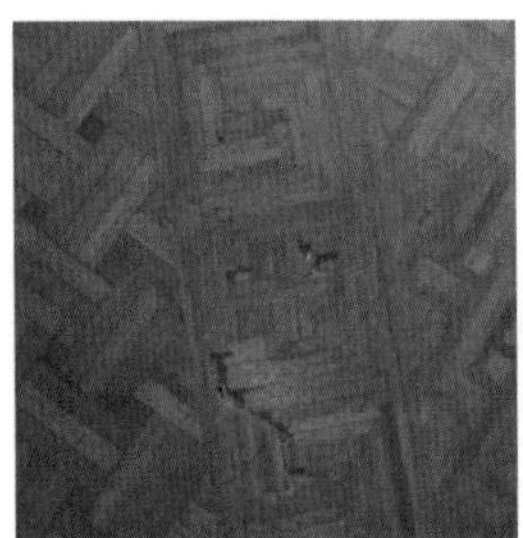
席纹木地板修复前

破损部位勘探

新旧地板交界处

打磨

木地板打蜡

席纹地板修复后

图 2-91　木地板修复

瓷质砖地坪修复技术

清洗瓷砖；

损坏、开裂严重等部位，用相近瓷砖进行更换，重新铺贴。

图 2-92　瓷质花砖

2.6.2 顶面修复技术

保护类建筑中顶面材料多为石膏线条、涂料等，本技术涉及传统建筑中顶面修复技术（图 2-93 ~ 图 2-96），以最大限度避免对建筑物的毁坏，更好地保存传统建筑所蕴含的历史信息。

吊顶花饰制品修复技术

项目：东风饭店（全国重点文物保护单位、上海市优秀历史建筑）、和平饭店北楼（全国重点文物保护单位、上海市优秀历史建筑）、东湖宾馆（上海市优秀历史建筑）

时间：2008 年、2009 年、2012 年

整体性复制修复

利用测绘数据采用翻模技术复制加工原有线条；

采用原配比材料现场扯制线脚、灯圈；

较小的花饰采用粘贴法，较大的花饰采取木螺丝固定法；

较大线条在龙骨与花饰吊顶连接处采用石膏坞帮技术；

最后修补构件表面，使平顶形成整体，板与板连接处用同种石膏粉加特种黏结剂批嵌板缝；

涂层处理。

就地修复

轻度损坏的花饰采取就地修补法；

松动的花饰，须小心卸下，整理清理后，重新安装；

基层损坏的花饰，应小心取下，待基层修补后重新安装；

修补轻微损坏的线脚。

传统工艺复原修复

花饰天花板进行表面清理，用羊毛刷和砂皮将原污垢及涂层清除；

将原破损部位修裁成形；

采用清油滋润原基层；

将石膏粉、水等按一定的比例进行配置，采用逐步批嵌的方式进行复原修补。

整体性修复前

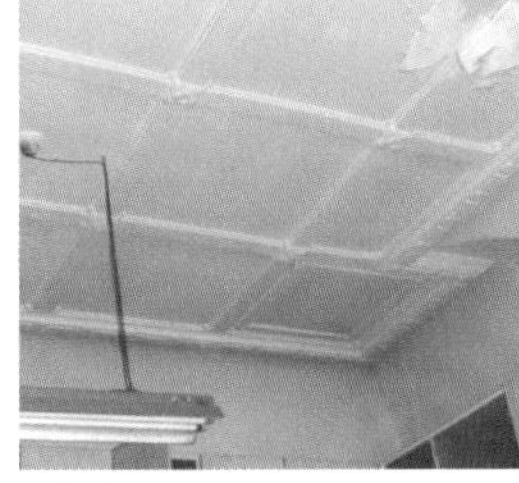
修复前

修复后

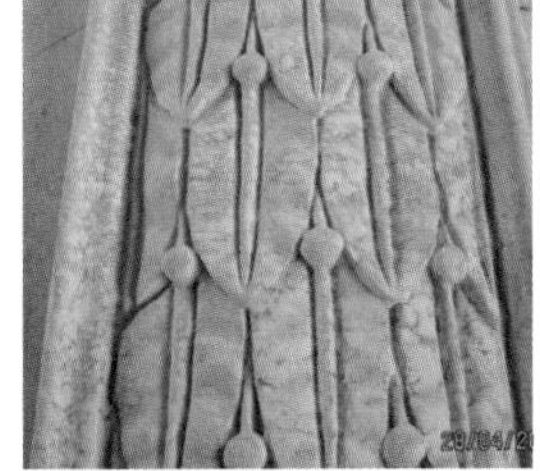
现场实样

仿制样品

仿制样品

修复前

修复后

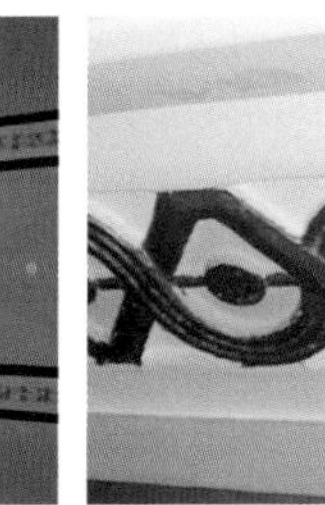
修复前

上硅胶

脱膜

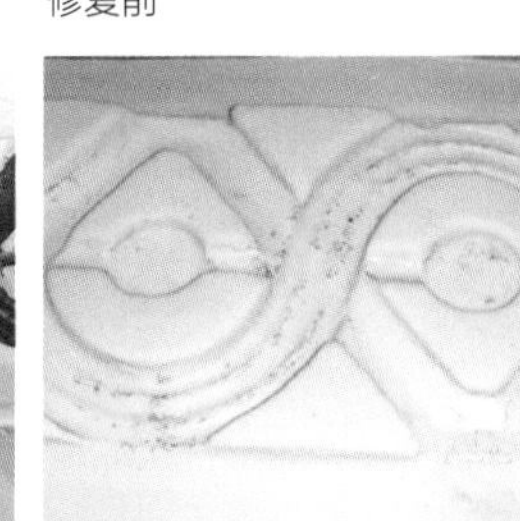
硅胶膜

脱膜样本

传统工艺复原修复后

东湖宾馆修缮后吊顶（亮灯）

图 2-93 花饰制品修复

藻井天花及线脚修复技术

项目：复旦大学子彬院（上海市杨浦区文物保护单位、上海市优秀历史建筑）
时间：2009 年

轻微损坏部位现场直接修复：将原破损洞口修裁成形，利用原基层材料及工艺补缺；

采取白水泥、石灰膏、纸筋、水等按原比例配制，以逐步批嵌的方式进行复原修补；

破损、松动的藻井梁底部位需整体加固；

根据原有饰面涂刷石灰浆或涂料面层。

图 2-94　修复后

吊顶花饰贴金箔修复技术

项目：和平饭店南楼（全国重点文物保护单位、上海市优秀历史建筑）
时间：2009 年

清理花饰表面；

修复缺陷部位；

刷金胶油（在古建筑彩画中是粘贴金箔或扫金的黏结材料），以筷子笔蘸金胶油涂布于贴金处；

贴金：当金胶油将干未干时，将金箔撕成或剪成需要尺寸，轻轻粘贴于金胶油上，再以棉花揉压平伏；

扣油：金贴好后，用油拴扣原色油一道；

罩油：扣油干后，通刷一遍清油。

修复前

修复中

修复中

修复后

图 2-95　花饰贴金箔修复

线条修复技术

项目：中国银行大楼（上海市优秀历史建筑）
时间：2014 年

对原室内天花测绘；

缺角部位按传统工艺进行修复。

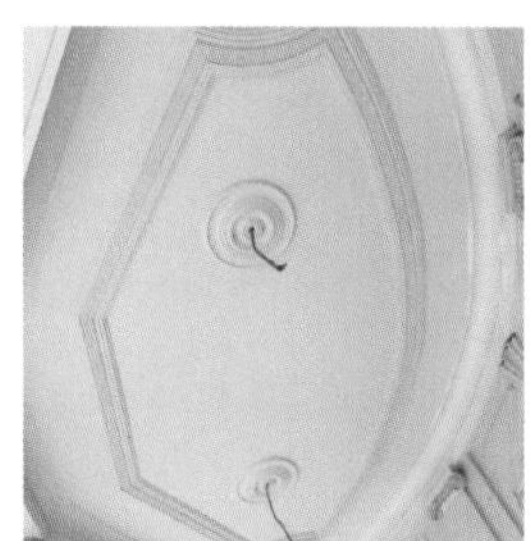

室内顶面线条修复施工

顶面线条修复后

图 2-96　线条修复

2.6.3 墙面修复技术

保护类建筑中墙柱修复工艺较为广泛，本类工艺工法特针对墙面粉刷层、防潮层、圆柱、大理石墙柱面、花岗岩柱、墙面瓷砖等不同饰面材料采用有效且少干预的原则进行修复（图 2-97 ~ 图 2-101）。

板条墙修复技术

项目：和平饭店北楼（全国重点文物保护单位、上海市优秀历史建筑）
时间：2009 年

替换腐烂、松动的板条墙；
按照原粉刷层砂浆配比重新粉刷；
刷饰面层。

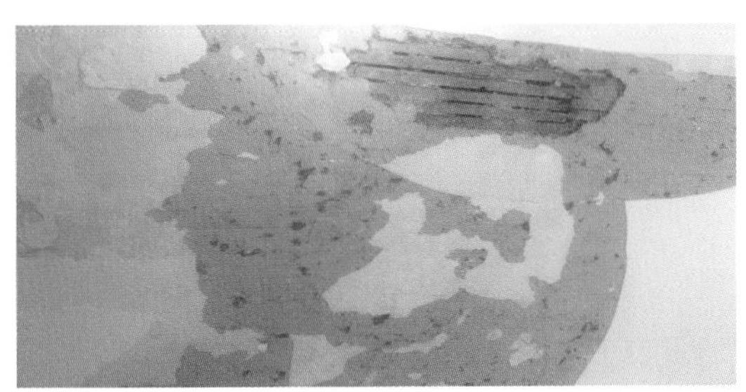

图 2-97　板条平顶粉刷层剥落

内墙面粉刷层修复技术

项目：和平饭店北楼（全国重点文物保护单位、上海市优秀历史建筑）、亚细亚大楼（全国重点文物保护单位、上海市优秀历史建筑）
时间：2009 年

对墙面进行全面查勘确定粉刷层材质、起壳空鼓、裂缝的范围和缺损的程度；
裂缝≤3mm 可采用同质材料进行补缝；
裂缝大于 >3mm，开 V 字缝后采用同质材料进行补缝；
空鼓起壳部分凿除至基层，铲除后采用原材料重新粉刷。

修复前

粉刷修复过程

图 2-98　内墙面粉刷层修复

大理石墙面修复技术

项目：和平饭店北楼（全国重点文物保护单位、上海市优秀历史建筑）
时间：2009 年

裂缝小于 1mm 保留原样，无需修补；
大于 1mm 裂缝或小孔用同质石粉加专用树脂胶配色搅拌成填充料对裂缝、孔洞进行填补，打磨（小孔可灌注）；
脱落部位采用锚固法、黏结法等进行加固修复；
修复后进行表面抛光、晶面处理。

大理石墙面修复前

大理石墙面敷膜清洗

大理石墙面修复后

图 2-99　大理石墙面修复

瓷砖墙面修复技术

保存完好的瓷砖进行清洗；
损坏、开裂严重等部位，用相近瓷砖进行更换，重新铺贴；
清理砖缝采用原材料进行重新擦缝处理。

图 2-100　瓷砖墙面修复前破损

墙体防潮层修复技术

项目：东风饭店（全国重点文物保护单位、上海市优秀历史建筑）
时间：2008 年

墙面粉刷清除；
打孔，清孔；
注憎水剂；
注入封孔清浆；
养护 48 小时进行下一步操作。

图 2-101　注浆完成后

2.6.4　柱体修复技术

历史建筑中对柱的修缮应尽量保留其原有的构件和材料，能用则继续使用，损坏的则修缮后使用，不能用的则要用相同的材料，尽量按照原工艺加工使用，以达到恢复原状和保存现状的要求。此类技术特针对混凝土柱外刷涂料、大理石柱、圆柱仿大理石油漆等不同类型的柱体进行修缮与保护（图 2-102～图 2-104）。

混凝土柱外刷涂料修复技术

项目：东风饭店（全国重点文物保护单位、上海市优秀历史建筑）
时间：2008 年

去除表面附着物，剥离破损部位；
勘察原始柱身混凝土强度、涂层材质及柱身外形，确认修复方案；
采用相近材料修复柱体、线脚；
整体涂刷乳胶漆；
局部描金处理。

勘探取样

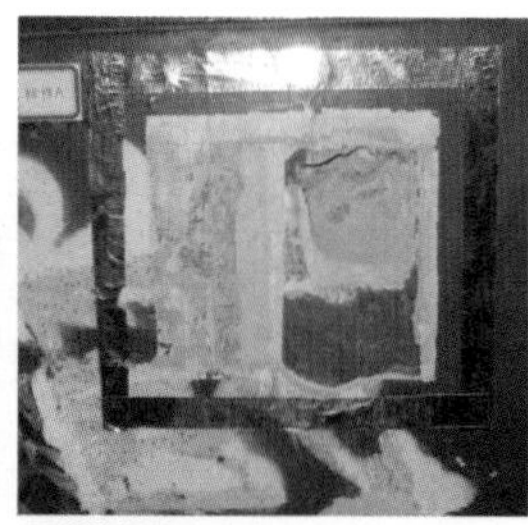

取样检测

修复造型对比

花式线脚修复

柱帽修复后

图 2-102　混凝土柱外刷涂料修复

大理石柱修复技术

项目：外滩 18 号春江大楼（全国重点文物保护单位、上海市优秀历史建筑）
时间：2010 年

清理大理石柱表面；
收集残片，按顺序编号确定位置；
采用环氧树脂及聚酯树脂粘贴裂片；
在环氧树脂中添加同材质石粉、同色相似的颜料，用其填补裂缝及开裂处，等其完全干后用砂纸打磨表面；
洗净后用漆刷上一层晶蜡并擦亮。

图 2-103　瓷砖墙面修复前破损

圆柱仿大理石油漆的修复技术

项目：和平饭店南楼（全国重点文物保护单位、上海市优秀历史建筑）
时间：2009 年

清理粉刷层，基层破损处补缺后整体打磨；
柱身刮腻子批嵌；
加工做底、喷涂，手绘石纹；
封面、高光处理。

圆柱仿大理石油漆

圆柱修复前

圆柱修复后

图 2-104　圆柱仿大理石油漆修复

2.6.5　室内特色构件修复技术

本类技术（图 2-105 ~ 图 2-113）采用了专用性的工艺工法特针对室内铁艺构件、铸铁花饰栏杆、混凝土花饰栏杆、木扶手栏杆等损坏的建筑构件进行修复与还原，为不影响历史建筑真实感，基本采取原样修整恢复。

铸铁花饰栏杆修复技术

项目：东风饭店（全国重点文物保护单位、上海市优秀历史建筑）
时间：2008 年

全面勘察，松动部位进行加固或替换；
木扶手表面出白处理；
铸铁表面脱漆处理；
表面清洁处理；
木扶手、固定螺丝等检查，缺失部位补齐、加固后上罩面漆；
铸铁栏杆涂刷防锈剂后上调和漆。

修复前

涂刷铁艺防锈漆

栏杆扶手保护措施

修复后

图 2-105　铸铁花饰栏杆修复

铜质扶手修复技术

项目：外滩 14 号总工会（全国重点文物保护单位、上海市优秀历史建筑）
时间：2008 年

全面检查，清理污垢；
擦铜液清洗；
包浆保留。

图 2-106　修复前

旧电梯内装饰修复技术

项目：东风饭店（全国重点文物保护单位、上海市优秀历史建筑）
时间：2008 年

检查内部装修情况；
缺损处用相近材料原位修复；
电梯井道增设安全围护装置；
铁栅栏手动门外部安装防护玻璃和玻璃门。

修复前

修复中

三角电梯修复后

图 2-107　旧电梯修复

34m 吧台复原技术

项目：东风饭店（全国重点文物保护单位、上海市优秀历史建筑）
时间：2008 年

根据原始照片确认复原样式；
对吧台肌理特征进行调查；
三维建模，雕刻花饰细部表现、通风装置整合；
工厂定制，现场拼装。

远东第一吧台复原

工厂定制

木制品做旧漆涂刷

修复后

营业使用中

图 2-108　34m 吧台复原

特色铁艺构件修复技术

项目：东风饭店（全国重点文物保护单位、上海市优秀历史建筑）、和平饭店北楼（全国重点文物保护单位、上海市优秀历史建筑）

时间：2008 年、2009 年

原位拆卸，零件分解；
破损补缺，整体加固；
脱漆除锈，防锈处理；
预穿灯线，灯座复位；
整体拼合，原位安装。

拆卸

刷漆

修复中

修复前

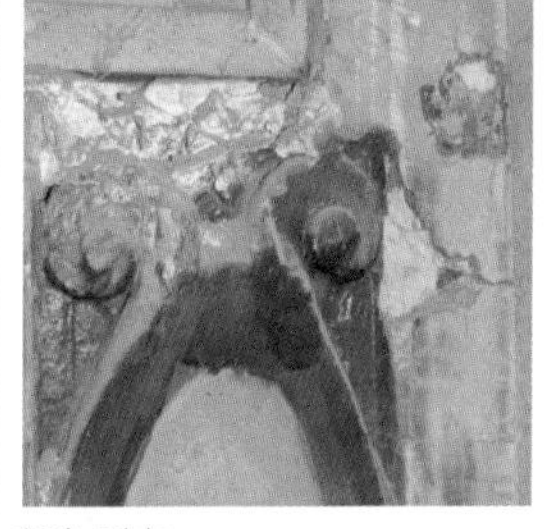
颜色剥离一

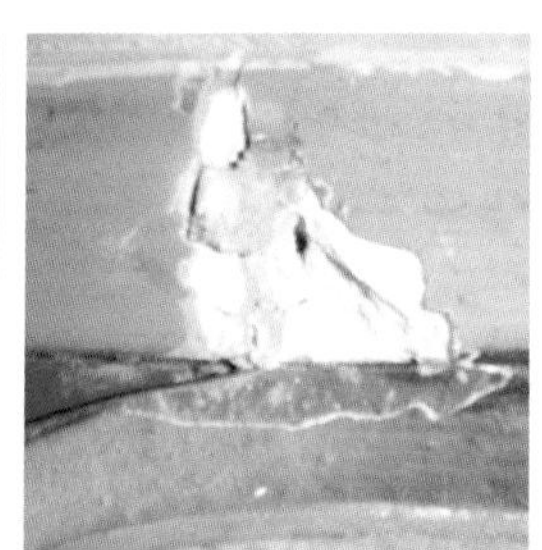
剥离二

剥离三

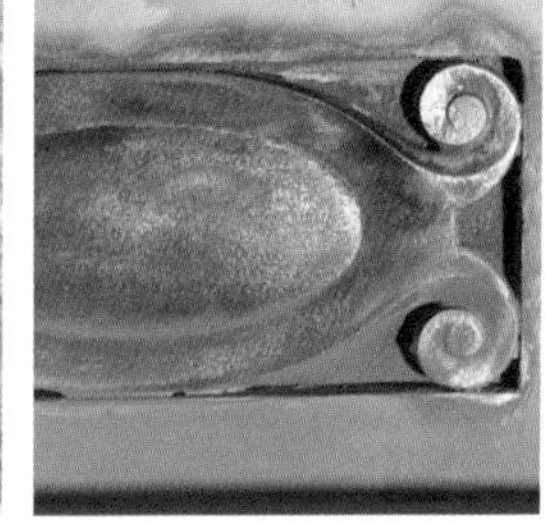
剥离后

图 2-109　特色铁艺构件修复

水磨石踢脚线修复技术

项目：外滩 14 号总工会（全国重点文物保护单位、上海市优秀历史建筑）、虹口大楼（上海市优秀历史建筑）

时间：2008 年、2013 年

根据水磨石原有配比进行水泥、石子粒径的配色，制作试样后确定修补材料；
小裂缝、残损原则上不进行修补；
大裂缝、残缺严重部位对周边进行保护，凿除损坏部位进行修补；
磨光；
补色处理；
打蜡。

水磨石踢脚线修复前

复原前

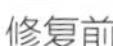
修复前

图 2-110　水磨石踢脚线修复

特色灯具原位复原技术

项目：和平饭店北楼（全国重点文物保护单位、上海市优秀历史建筑）
时间：2009 年

灯具拆卸后装箱保存；
异地清洗、维修；
装饰完成后原位复原。

特色铁艺灯具

复原后

图 2-111　特色灯具复原

楼梯踏步水磨石修复技术

项目：外滩 14 号总工会（全国重点文物保护单位、上海市优秀历史建筑）
时间：2008 年

根据水磨石原有配比进行水泥、石子粒径的配色，制作试样后确定修补材料；
大残损部位种筋修补；
抽防滑槽；
磨光；
补色处理；
打蜡。

楼梯踏步水磨石修复前

修复前

复原后

图 2-112　水磨石修复

金山石楼梯修复技术

项目：平饭店南楼（全国重点文物保护单位、上海市优秀历史建筑）
时间：2009 年

清洗；
断裂部位黏结加销钉修复。

图 2-113　金山石楼梯修复前

2.6.6 木构件修复技术

室内采用大量木质构件是历史建筑的重要特色之一，鉴于此采用专业可行的技术措施对室内木构件逐步修复还原（图 2-114 ~ 图 2-119），研发和利用了先进有效的施工工艺，最终以其原有面貌呈现。

室内木制品的修复技术

项目：和平饭店南楼（全国重点文物保护单位、上海市优秀历史建筑）、东湖宾馆（上海市优秀历史建筑）
时间：2009 年、2012 年

测绘留档；
脱漆出白；
木制品材质确定；
损坏部位根据测绘数据按原样复制；
局部损坏部位进行原位补缺、加固；
重新油漆。

木制品修复前

木门梁修复前

木门柱修复前

壁炉修复前

木踢脚线修复前

墙面木制品修复中

木护墙板修复样板段

修复后

图 2-114　室内木制品修复

靠墙木扶手修复技术

项目：虹口大楼（上海市优秀历史建筑）
时间：2013 年

拆除破损、腐朽的木扶手，拆解过程不可损坏木构原榫卯、木销等；
按照原扶手造型复制修缮；
使用预埋件将构件与墙体连接；
油漆处理。

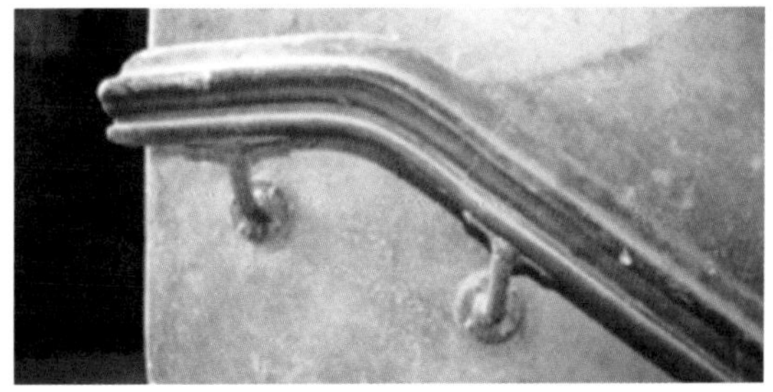

图 2-115　木扶手污损

木楼梯修复技术

项目：中国银行大楼（上海市优秀历史建筑）、东湖宾馆（上海市优秀历史建筑）
时间：2014 年、2012 年

原有楼梯构件原样拼装修复，彻底损坏的根据原始部件进行翻样复制加工；

踏步板磨损，将原踏步板翻面后重新安装；

栏杆缺损部位进行复制修缮；

打磨、砂光、油漆处理。

楼梯踏步

立柱

大柱上的圆头

扶手

雕花板

榫接接口

修复中

修复后

木楼梯——中国银行

木楼梯——东湖宾馆

图 2-116　木楼梯修复

木柱修复技术

木材预处理，打磨、晾晒等；

底漆渗透，达到防虫防腐；

做面漆。

图 2-117　木柱修复前

铁艺围栏修复技术

项目：四川中路 133 号大楼（上海市优秀历史建筑）
时间：2020 年

原有铁艺脱漆出白；
缺失部位根据历史式样重新设计新做铁艺；
按原色重新上漆。

电梯厅四周铁艺围栏修缮前后

电梯厅四周铁艺围栏修缮后

图 2-118　铁艺围栏修复

铸铁栏杆木扶手修复技术

项目：虹口大楼（上海市优秀历史建筑）、衡山宾馆（上海市优秀历史建筑）
时间：2013 年、2021 年

铸铁栏杆修缮；
清除表面污垢，旧漆层脱除；
用砂皮除锈，涂刷防锈漆；
金属构件锈蚀、腐烂严重部位进行替换处理；
木扶手修缮；
脱漆；
对原有木扶手整修、修补缺角、加固扶手接头；
打磨；
腻子修补不平整处，油漆处理。

铸铁栏杆木扶手修复前

修复前

修复后

铸铁栏杆木扶手修复前

木扶手修复前

铸铁栏杆木扶手修复前

图 2-119　铸铁栏杆木扶手修复

2.6.7　小五金修复技术

本技术介绍了老建筑修缮工程中对小五金修复（图 2-120、图 2-121）的工艺工法。

历史五金件原位修复技术

项目：东风饭店（全国重点文物保护单位、上海市优秀历史建筑）
时间：2008 年

清洗污垢；
松动部位进行加固；
校正变形；
机械件上润滑油；
缺失的部件如把手、铰链、制动和窗锁等用定制仿制件替换。

原历史五金件

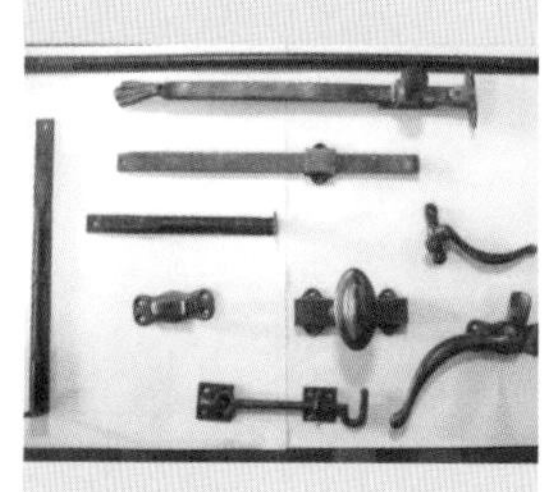
五金件类型统计

五金件分类汇总

窗执手

门扇执手带插销

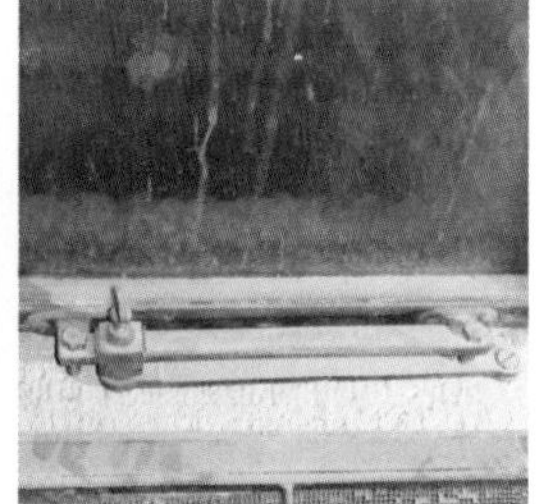
窗风撑

图 2-120　五金件原位修复

五金件新换复原技术

项目：东风饭店（全国重点文物保护单位、上海市优秀历史建筑）
时间：2008 年

原始照片采集归类，对门窗进行编号，根据编号进行统计；
进行五金分类，汇总统计；
开模制作新五金件；
做旧处理。

图 2-121　仿制五金件

2.7 其他类保护性修缮典型工艺及应用

2.7.1 彩绘修复技术

彩绘独特的风格、稀有的制作技术及其雅俗的装饰效果令人印象深刻，通过对原有彩绘花式、材料组成、绘制工艺等的调查研究，探索此类彩绘修复技术（图 2-122、图 2-123），以满足历史建筑修旧如旧的效果。

双重、檐口承托檐标、人字拱的斗拱部位修复技术

项目：上海青年会宾馆（上海市文物保护单位、上海市优秀历史建筑）
时间：2009 年

重檐檐口、承托檐檩等缺损混凝土构件用水泥基耐水性腻子修补；
丈量尺寸、实际面积，根据图案形式起谱子；
首先刷大色（底子色），圆鼓子心（剔地）刷青色，四岔角地子刷二绿色（石绿加白粉），方鼓外缘刷砂绿，然后抹小色；
分片、分遍均匀描刷、彩绘涂料；
椽头连檐、瓦口、博风、挂檐修复（清理捉缝灰、扫荡灰、中灰、细灰）。

图 2-122 上海青年会宾馆室外彩绘

室内吊顶彩绘修复技术

项目：和平饭店北楼（全国重点文物保护单位、上海市优秀历史建筑）、上海青年会宾馆（上海市文物保护单位、上海市优秀历史建筑）
时间：2009 年

图像留底、建立三维模型；
清除尘土和油污；
对一些表面损坏的梁、柱批刮腻子；
打磨平整、上底色；
弹线布局，拍谱子；
梁额彩绘纹线；
设色；
表面保护剂涂刷。

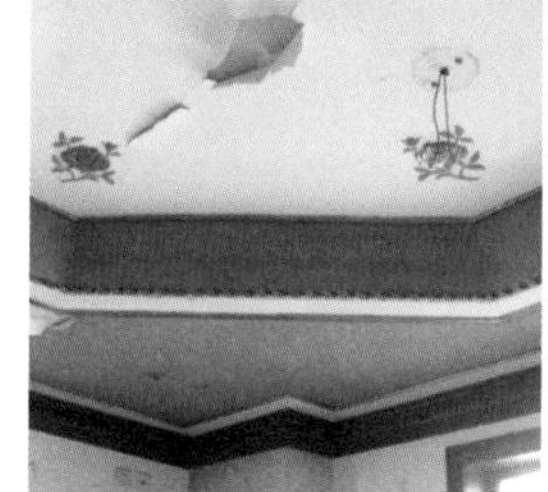
修复前

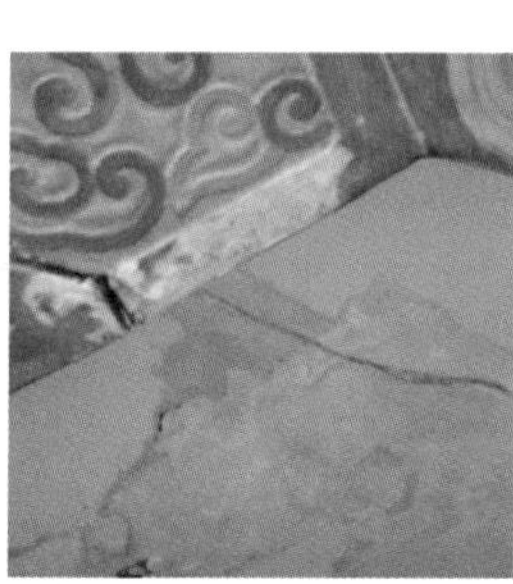
修复前

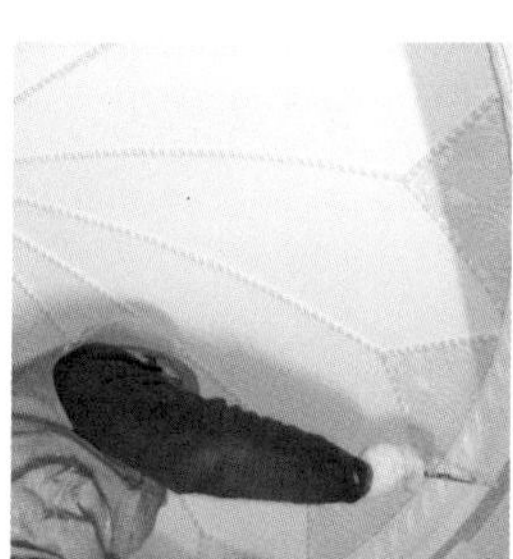
修复中

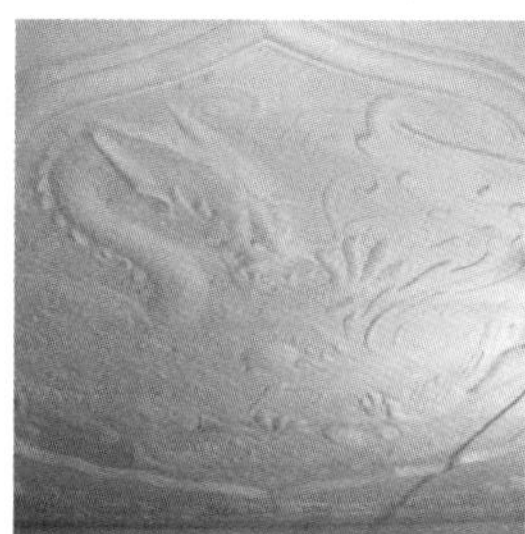
彩绘前

彩绘中

修复后

修复后

修复后

吊顶彩绘修复后

图 2-123 室内吊顶彩绘修复

2.7.2　设备安装技术

历史建筑修缮过程中会涉及配套设备的设计及安装（图 2-124、图 2-125），故在保留原有建筑艺术风格特征的同时，也赋予了老建筑新的功能，更好地保证了历史建筑的使用价值与审美价值完美结合。

风口安装修复技术

项目：东风饭店（全国重点文物保护单位、上海市优秀历史建筑）

时间：2008 年

暖通系统以保护优先原则预先设计；
风管设置以隐蔽为主；
巧妙利用家具造型隐蔽安装；
满足功能和保护的统一性。

墙裙内隐藏风口

柜子内隐藏风口

仿古风口

图 2-124　风口安装修复

暖气片修复技术

项目：东风饭店（全国重点文物保护单位、上海市优秀历史建筑）

时间：2008 年

保持暖气片历史特征；
清理暖气片；
维护暖气片散热功能。

图 2-125　暖气片

2.7.3　历史风貌路桥装饰技术

百年老桥作为城市中一座经典的艺术之桥，还原其历史风貌特色具有重大的文化价值。鉴于此，本技术特应用于老桥的再生修复工程，利用全方位扫描、老桥局部拆除、构件整体复制、装饰构件安装、桥体整体涂刷等工艺工法（图 2-126 ~ 图 2-129）为老桥的再生创造条件。

前期准备技术

项目：河南路桥

历史资料检查；
首次 3D 立体扫描测量；
数码照片成像；
首次拟保留构件强度检测；
工部局蓝图与实样特征复核预制构件图示；
构件拓模；
装饰技术方案可行性分析；
切割方案论证；
专家研讨。

红外线勘察

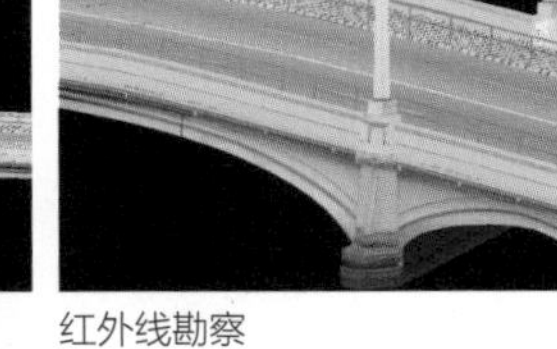

红外线勘察

红外线勘察

结构计算

图 2-126　前期准备

局部拆除方案实施阶段与整体复制阶段修复技术

拆除方案实施阶段

支承操作平台安装；
界面定位放线；
浮雕面发泡剂支模固结；
桥墩浮雕整体起重点加固设置；
链条切割穿孔点设置；
切割面整体切割及加强（加固）；
装箱保存运输。

整体复制阶段

分类仓储；
缺陷整体修补；
锚固点设置安装；
复制 GRC 构件模具制作；
构件制作试验与检验；
构件生产（养护期）。

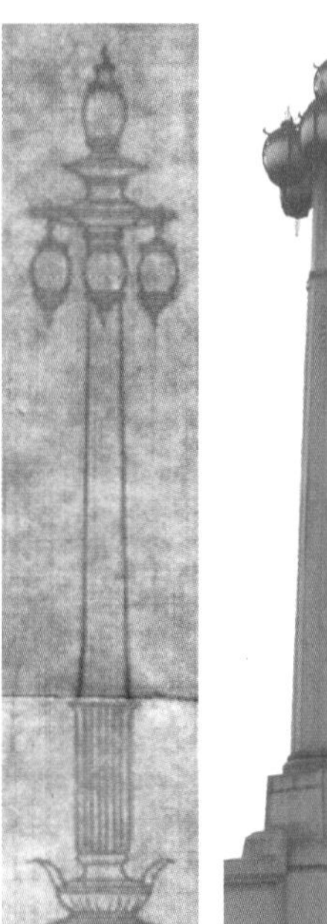

路桥路灯图纸

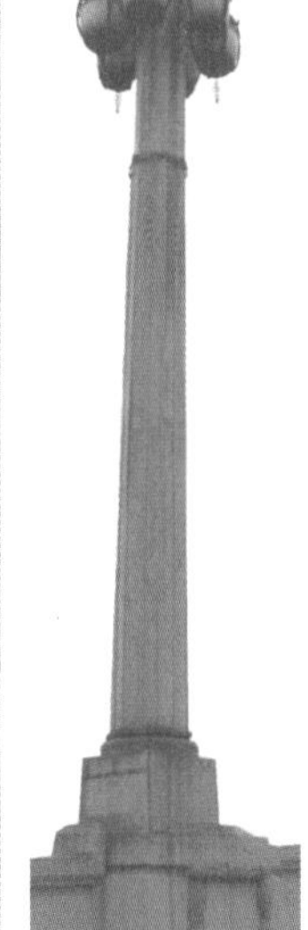

路桥路灯

精致的桥唇圆形花饰构件 1

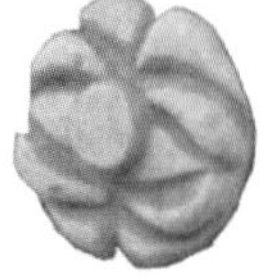

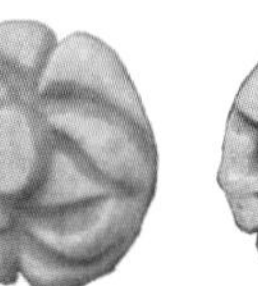

精致的桥唇圆形花饰构件 2

精致的桥唇圆形花饰构件 3

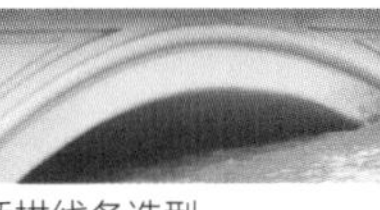

桥拱线条造型

桥墩

彩结飘带花饰雕刻和细部标记

桥体检测

图 2-127　局部拆除与整体复制阶段修复

装饰构件安装阶段修复技术

装饰作业平台搭设；
定位测量放线；
结构预埋件布置（预应力位置）；
桥结构化学锚固栓安装；
桥墩保留装饰构件整体安装；
桥拱侧构件分段整体安装；
二次灌浆封闭；
灯杆 / 电车杆安装；
灯座 / 电车杆座饰面安装；
桥内侧栏板饰面安装；
侧引桥梯栏板及铺面安装。

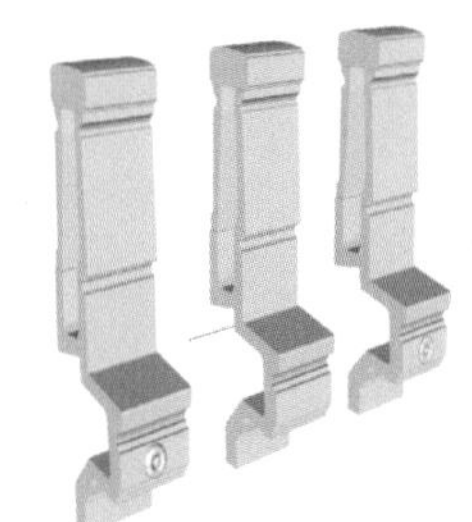

GRC 造型构件

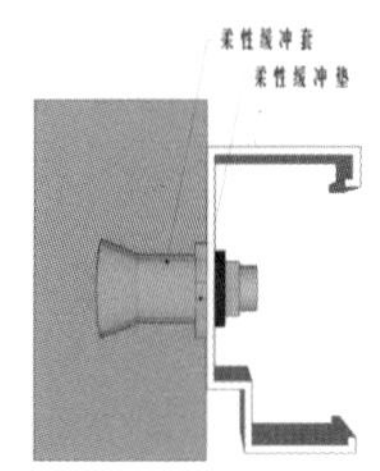

背栓干挂安装技术

图 2-128　装饰构件安装修复

桥整体涂装阶段修复技术

SA 工法桥构件连接位置整体修饰批嵌（漏浆、蜂窝、麻面模板接口，构件安装公差等瑕疵）；
ACRYL60 剂全面着色（纹理、色泽、防水）；
KKS 清水混凝土面层（透明）（耐候、抗污染、防火）涂布。

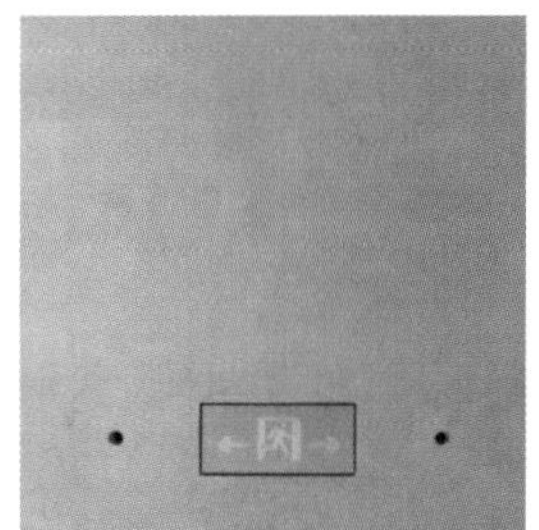

图 2-129　桥整体涂装修复——清水混凝土效果

2.7.4 施工登高技术

脚手架是建筑施工中不可缺少的重要施工工具，主要用于施工人员上下作业、外围安全网围护及高空构件安装等。早期，我国脚手架以竹、木材料为主，20 世纪 70 年代后，我国引入了钢管脚手架，使脚手架技术的发展进入了一个新阶段。随着我国建筑业的全面发展，建筑施工中各种支撑架体得到普及，按结构和用途可以分为落地脚手架、悬挑脚手架和移动脚手架等（图 2-130、图 2-131）。

落地式盘扣式脚手架搭设技术

项目：市百一店（上海市文物保护单位、上海市优秀历史建筑）
时间：2017 年

地基处理；
架体搭设；
铺设脚手板；
安装连墙件；
架设安全网。

盘扣式脚手架

落地脚手架搭设一

落地脚手架搭设二

图 2-130 落地式脚手架

移动操作平台搭设技术

固定脚轮；
架体搭设；
安装操作平台；
架设安全护栏。

图 2-131 移动操作平台

2.7.5 重点部位保护技术

尽量保持原建筑风貌、建筑格局、恢复其使用功能是历史建筑保护性修缮工程的基本要素，不同的历史建筑类型、建筑风格特征和不同的保护要求有着不同的修缮技术和保护方法（图 2-132）。保护修缮是保障历史建筑生命延续的重要手段，而且是一项比较专业性的工作。

楼梯保护措施

项目：东湖宾馆（上海市优秀历史建筑）
时间：2012 年

楼梯保护先铺一层弹性薄膜，台阶用细木工板进行保护；
临时围挡用脚手管做立杆，用细木工板钉成临时围挡。

楼梯保护

转角保护

临时围挡

楼梯保护

图 2-132 楼梯保护措施

2.8 室内改造与功能提升技术及应用

2.8.1 室内改造技术

针对老旧建筑室内改造工程中多采用简洁、现代的材料与工艺，保证在满足其装饰功能的同时充分表达对原始结构的尊重（图 2-133）。

旋转楼梯改造技术

项目：长三角路演中心
时间：2018 年

建模深化，安装定位钢管，同时作为支撑件；
两翼栏板安装；
楼梯踏步焊接；
接缝处打磨修整；
喷涂金属氟碳漆。

旋转楼梯改造后

旋转楼梯改造施工

图 2-133　旋转楼梯改造

2.8.2 室内装配式可循环利用改造技术

装配式建筑是以构件工厂预制化生产，现场装配式安装为模式，以标准化设计、工厂化生产、装配化施工，一体化装修和信息化管理为特征，整合从研发设计、生产制造、现场装配等各个业务领域，实现建筑产品节能、环保、全周期价值最大化的可持续发展的新型建筑生产方式（图 2-134 ~ 图 2-138）。

装配式隔墙饰面系统

项目：上海国家会展中心
时间：2018 年

单元板块设计；
工厂预制单元板块：轻钢龙骨、岩棉、封火克板；
背面定制 2 根通长背筋，同时兼作挂点；
单元板块采用挂钩和螺栓连接现场快速安装。

图 2-134　装配式隔墙饰面系统应用效果

装配式墙面构造设计

项目：上海国家会展中心
时间：2018 年

挂杆式

选用钢板作为基层主结构，并设置一个凹口用于搁置挂杆；

饰面的微调通过钢板上的双向条形孔进行；

挂件式

墙面饰面板基层采用镀锌方管，与原结构钢架焊接连接；

基层钢架上安装通长型材副龙骨；

型材挂件固定于铝板背面，从下往上依次安装；

插槽式

采用一种定加工的矩形铝合金型材，铝合金管的 4 个面均有通长卡槽；

管与管采用小型角码，与定制锁扣在卡槽内固定的方式进行连接；

整体式

现场导轨安装；

厂家完成隔断成品制作；

成品隔断通过电动葫芦吊装至导轨。

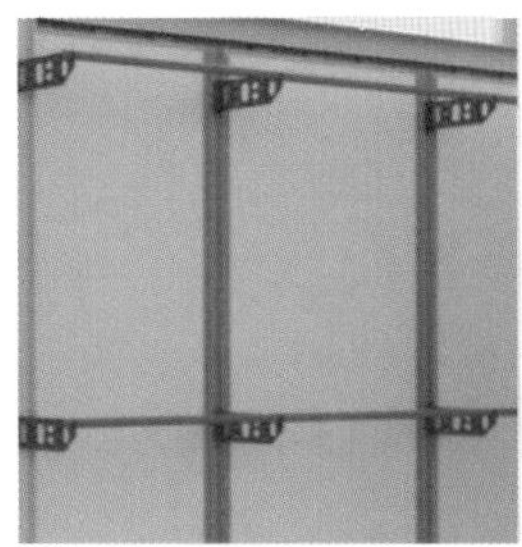

挂件式墙面构造

挂杆式墙面构造

插槽式墙面构造

整体式墙面构造

装配式隔墙框架

装配式隔墙单元板

图 2-135　装配式墙面构造

装配式地面系统

项目：上海国家会展中心
时间：2018 年

使用强度较高的 GRC 粉末作为核心材料，大幅度增加地板强度；

创新研制了新型高强度的架空地板。

图 2-136　装配式地面系统现场施工照片

装配式吊顶系统

项目：上海国家会展中心
时间：2018 年

挂杆式吊顶

先将铝方与铝板通过铆钉进行固定；

采用定制的角钢和 U 形钢作为转换层主钢架，连接方式采用螺栓连接；

吊顶铝板背面采用定制挂件，与 U 形钢卡扣固定；

两块吊顶单元板块之间，设置辅助连接件。

模块化铝方通吊顶

单元模块由饰面铝方通、Z 形龙骨及钢架构成；

Z 形主龙骨与铝方通通过螺栓连接固定；

工厂预制完成后运至现场；

将单元模块与吊筋相连接完成安装。

一体化吊装吊顶

根据铝板的弧面造型，定制一个钢结构胎架；

吊点设置在胎架上；

胎架两段与铝板做一个临时卡扣连接；

胎架升至安装高度后通过曲臂机把铝板与吊顶基层进行固定；

解除铝板与胎架的连接，并放下胎架。

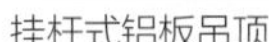

挂杆式铝板吊顶

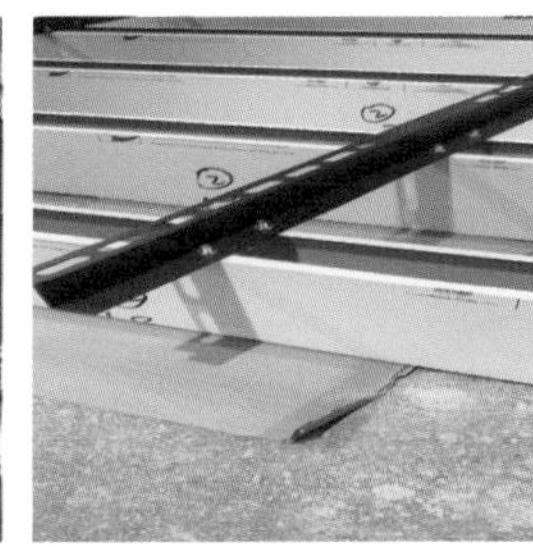

模块化铝方通吊顶

一体化吊装吊顶

大会议室完成效果

图 2-137　装配式吊顶系统

机器手臂开发与应用

项目：上海国家会展中心
时间：2018 年

胎架水平放置于地面，让其与铝板先行进行连接，形成一个整体；

胎架两侧用钢架卡件进行临时固定封口；

架旋转 90° 立起，并与旋转夹具进行连接；

遥控机器人配合人工将铝板与基层固定；

拆除两侧临时封口；

机器人卸下胎架；

安装完成。

机器人手臂构件就位

机器人手臂构件旋转

机器人手臂安装就位

图 2-138　机器手臂

协同专业厂家共同研制了一款高精度智能遥控机器人，让其完成对室内大型装饰墙板从运输到安装的一体化施工。

包括一种旋转提升系统，通过专用夹具使其与饰面材料进行连接。

一款墙面专用钢结构胎架，使其作为饰面铝板与旋转夹具的中间过渡层。

2.9　室外改造与功能提升技术及应用

2.9.1　室外改造技术

在保持现有环境特色的同时，将现代化的新材料、新技术大胆运用于建筑的外观。立面元素保留工业建筑的基本特征，将建筑和景观很好地融合在了一起（图 2-139、图 2-140），这也是新工艺结合旧建筑创造出来的美感。

外墙水波纹不锈钢安装工艺

项目：长三角路演中心
时间：2018 年

折边、切割加工；
焊接点经打磨后抛光处理；
保持水波纹不锈钢表面光洁、平整；
板缝之间搭接用六角钻尾螺丝固定在钢构上，打一层耐候胶。

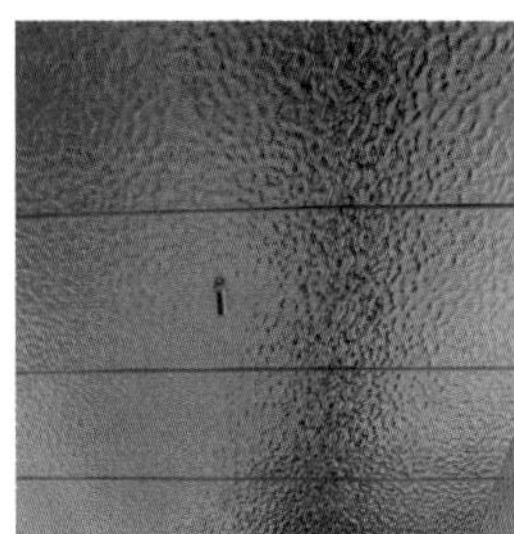
水波纹不锈钢

门头数字装饰

水波纹不锈钢装饰

图 2-139　水波纹不锈钢安装

烟囱加固改造工艺

项目：长三角路演中心
时间：2018 年

烟囱加固；
分段抱箍；
灯光配套。

烟囱抱箍

烟囱全景

图 2-140　烟囱加固改造

2.9.2 红砖艺术装饰镂空墙体技术

本技术归集了一种组合镂空清水砖墙施工工艺，在保证墙体安全性的前提下展示装饰美观与老建筑特征，该工艺在老建筑改造中充分体现了古朴自然、返璞归真的效果（图 2-141）。

仿历史建筑的红砖艺术镂空墙体技术

项目：长三角路演中心
时间：2018 年

定制镂空砖；
底部防水导墙；
砖墙每隔 600mm 安装打孔镀锌钢板；
侧边采用宽 120mm，厚 10mm 镀锌钢板框封边；
内部穿孔不锈钢板带与两侧镀锌板满焊，间距 600mm；
采用直径 12mm 高强螺杆；
螺杆连接采用 40mm × 12mm 螺杆套筒，间距 1 000mm；
顶部用宽 120mm，厚 10mm 打孔镀锌钢板封顶。

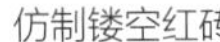

仿制镂空红砖

外墙装配施工

整体墙面施工完成

图 2-141 红砖艺术装饰镂空墙体

2.10 数字化保护修缮技术

2.10.1 数字勘测技术

在历史建筑保护修缮工程中前期勘测是不可或缺的环节，通过数字勘测可以快速采集、记录、管理历史建筑的原貌和特点数据，能实现劣化感知、精准测量和辅助建模，帮助项目修缮团队理解建筑物结构特征、材料组成和文化元素，确保修缮工作的高效性、准确性和一致性（图 2-142 ~ 图 2-144）。

非接触式高效立面勘察及三维重构技术

项目：亚细亚大楼（全国重点文物保护单位、上海市优秀历史建筑）、华俄道胜银行旧址（全国重点文物保护单位、上海市优秀历史建筑）、上海青年会宾馆（上海市文物保护单位、上海市优秀历史建筑）、英商怡和纱厂旧址（上海市优秀历史建筑群）、日本驻沪领事馆旧址（上海市优秀历史建筑）、虹口大楼（上海市优秀历史建筑）

时间：2009 年、2022 年、2009 年、2022 年、2021 年、2013 年

应用搭载 RTK 模块的无人机设备，快速获取建筑外立面三维勘测数据及高分辨率全局影像；

通过区域网联合平差、多视影像密集匹配、纹理映射等步骤，生成倾斜摄影模型；

实现建筑外立面的厘米级三维快速实景重构、轻量化全景交互、热成像诊断；

实现建筑外立面现状劣化情况精准分析，辅助专项技术方案策划提升。

基于无人机倾斜摄影的历史建筑外立面三维快速实景重构

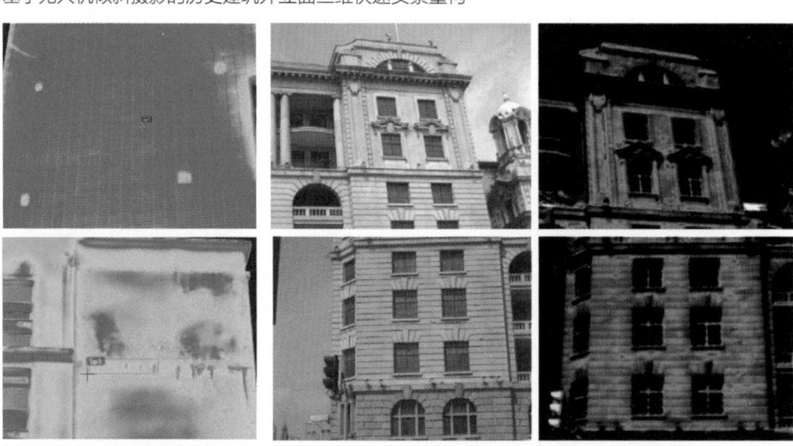

基于红外热成像检测的外立面　外立面实拍及红外热成像诊断显示空鼓和渗漏诊断

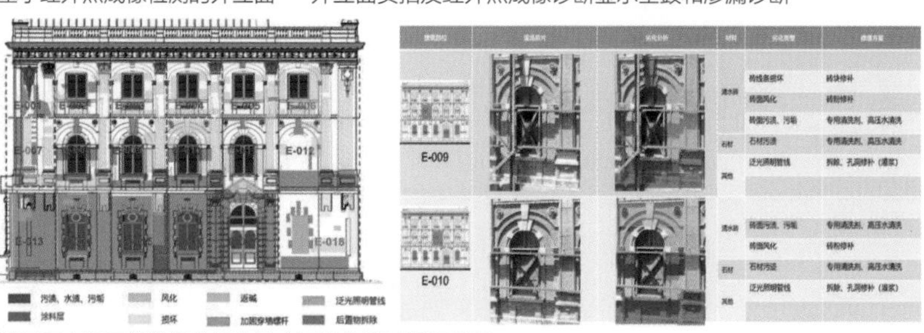

基于无人机三维详勘数据的外立面劣化情况提取分析

基于 720° 全景数据轻量化在线协同

图 2-142　立面勘察及三维重构

复杂空间高精度数字测绘技术

项目：汇丰银行大楼（全国重点文物保护单位、上海市优秀历史建筑）、城隍庙南翔馒头店（上海市黄浦区文物保护点）、英商怡和纱厂旧址（上海市优秀历史建筑）、淮海中路796号双子别墅（上海市优秀历史建筑）

时间：2022年、2018年、2022年

应用站点式三维激光扫描设备，开展大空间非接触式自定位高精度数字测绘；

经过滤去噪、拼接、着色处理，形成量化三维测绘数据，精度可达 ±1mm；

成果扩展性强，辅助偏差校核、逆向建模、二次设计、数字留档。

外立面三维点云数据

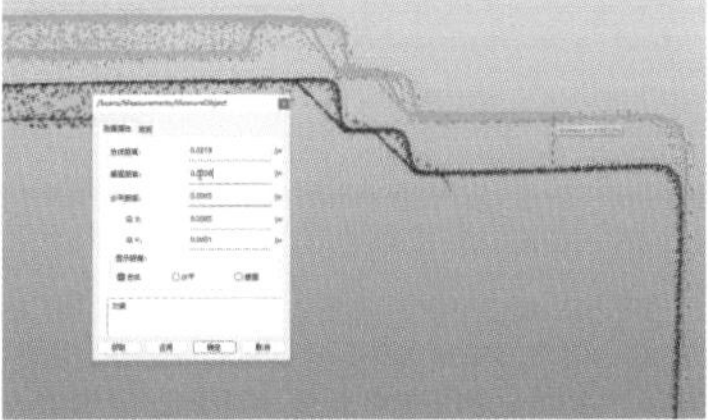

三维扫描辅助吊顶修缮起拱高度复核

木屋架三维点云数据

修缮后实拍

实景渲染模型

三维数字信息模型

高精度三维点云模型

图 2-143　高精度数字测绘

复杂构件工业级数字还原技术

项目：上海展览中心（上海市优秀历史建筑）、新昌路 7 号地块

时间：2020 年、2022 年

应用手持式三维激光扫描设备，开展复杂造型历史构件的工业级数字还原；

经过 Mesh 网格修补优化后，形成量化三维测绘数据，精度可达 ±0.01mm；

成果扩展性强，辅助高精度数字留档及 1：1 复刻加工数据提资。

手持式激光扫描数据采集及实时拼接拟合

石库门门头工业级三维 Mesh 模型数据

复杂造型花饰工业级三维 Mesh 模型数据

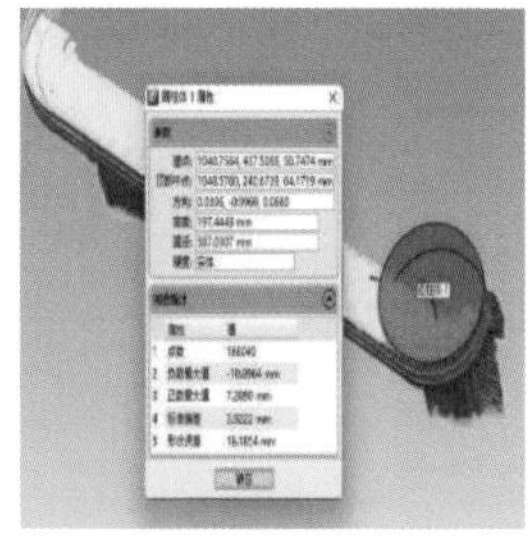

高精度复刻加工数据提取、二维出图、样板复建

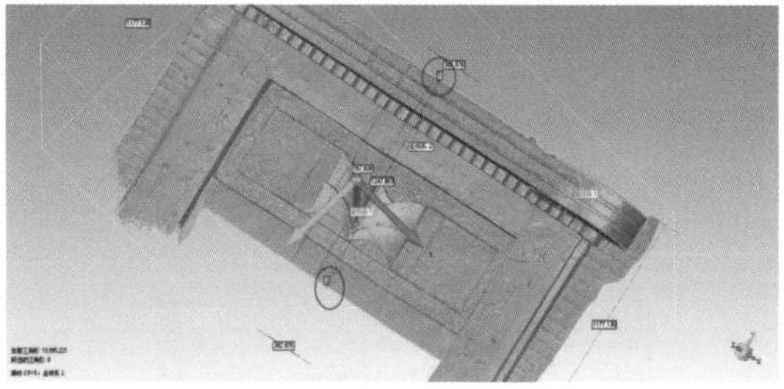

高精度复刻加工数据提取

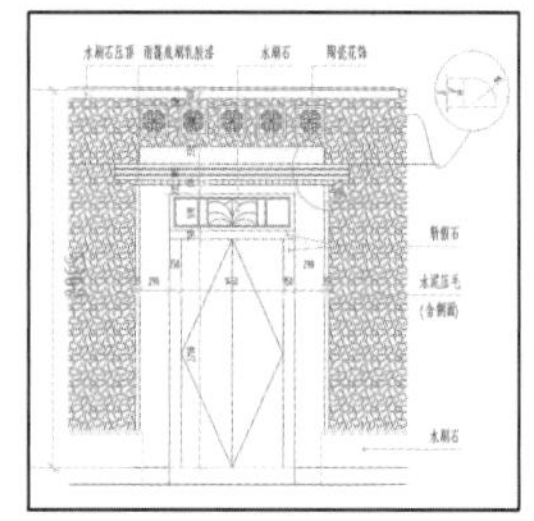

二维出图

样板复建

图 2-144　复杂构件工业级数字还原

2.10.2 数字设计技术

在文物建筑和历史建筑等建筑遗产保护修缮项目中，原始图纸资料错漏缺损的情况较为普遍，在前期精准数字勘测数据的支撑下，运用数字设计技术可以通过三维模型的方式精确还原历史建筑的原貌，便于各参与方更好地理解设计修缮方案，开展协同作业，有助于提升修缮工作的准确性和可靠性（图 2-145、图 2-146）。

数字模型建立及孪生迭代技术

项目：汇丰银行大楼（全国重点文物保护单位、上海市优秀历史建筑）

时间：2022 年

依据既有图纸及初步踏勘资料进行数字模型初步搭建；

基于数字勘测数据，进行模型细节修正补全及劣化信息录入，最大程度反映现场真实情况；

梳理施工过程数据、竣工信息点对点更新录入至 BIM 模型中对应具体构件，实现数字孪生。

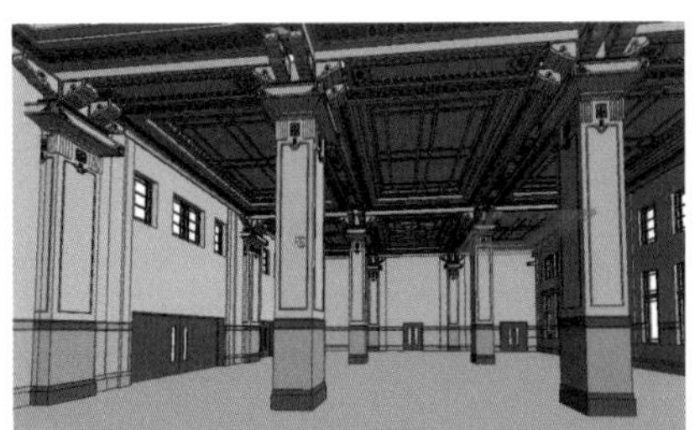

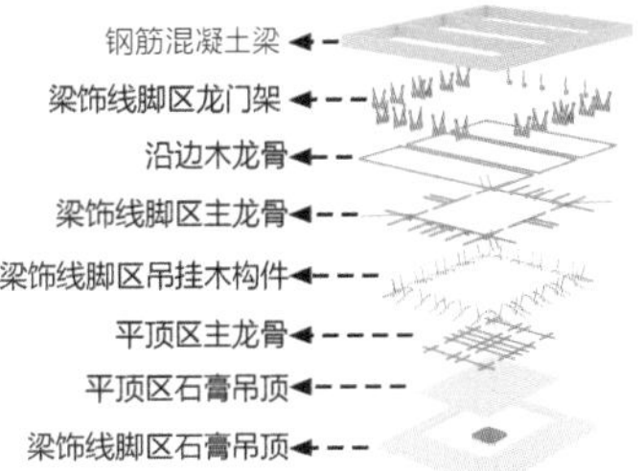

数字模型搭建及结构体系爆炸图

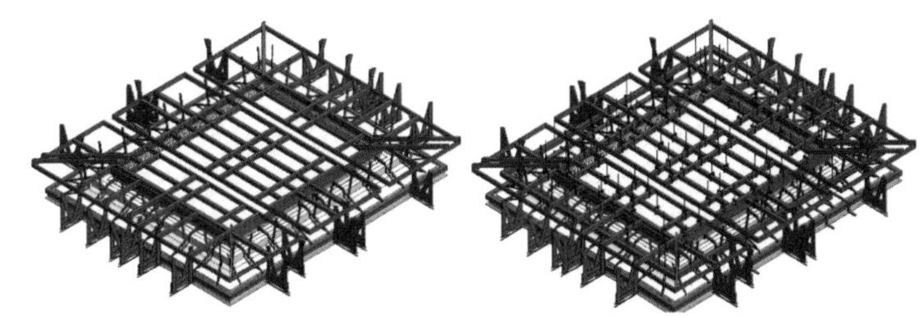

修缮前后吊顶结构系统对比

基于多源数据融合迭代的数字孪生模型

勘测信息、劣化情况、修缮工艺等点对点录入更新

图 2-145 数字模型建立及孪生迭代

空间偏差校核及逆向建模技术

项目：衡山宾馆（上海市优秀历史建筑）
时间：2021 年

基于三维扫描技术获取现场主体结构真实尺寸数据，对既有图纸资料进行偏差校核；

基于点云数据、图纸资料，结合现场实勘复核，开展逆向建模工作；

模型与点云叠合并复核偏差。

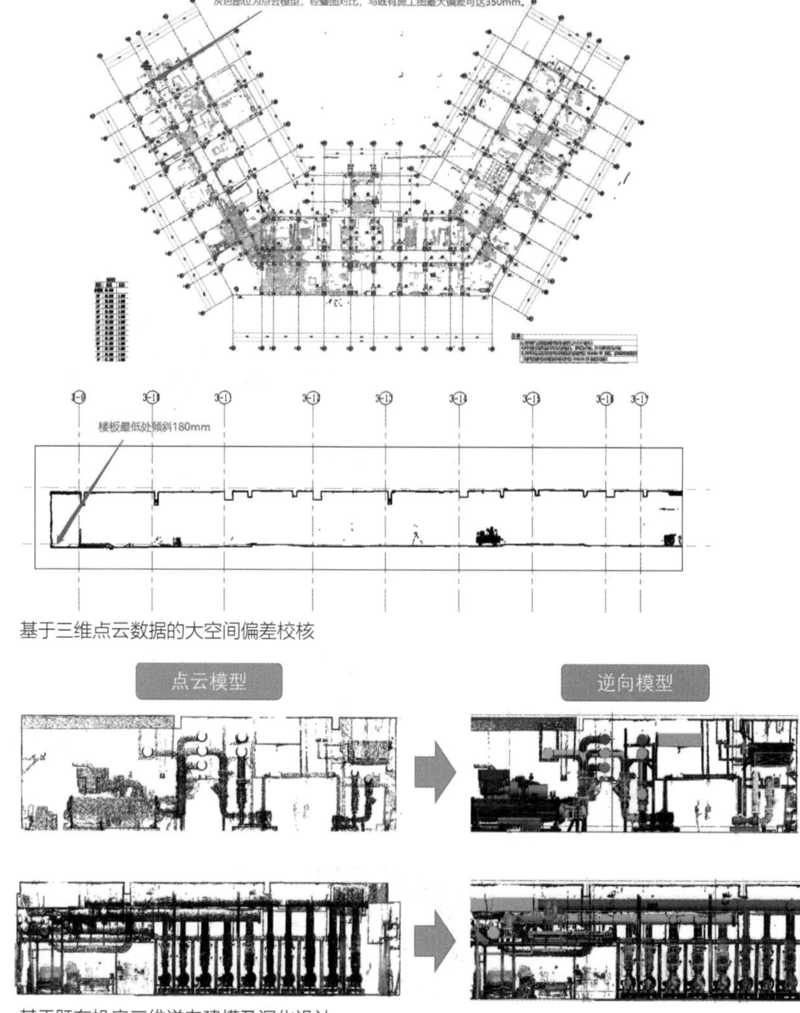

基于三维点云数据的大空间偏差校核

基于既有机房三维逆向建模及深化设计

图 2-146　空间偏差校核及逆向建模

2.10.3 数字加工技术

在历史建筑保护修缮工程中，对建设初期具有重要特色元素装饰构件的修缮复原，应遵从最小干预、真实性、可逆性、完整性原则，尽量恢复原有构件、原有质感、原有样式。通过对传统修缮工艺及先进数字化技术的融合应用，基于多轴雕刻（图 2-147）与工业级 3D 打印技术（图 2-148），实现复杂造型构件的数字化复原技术创新。

多轴数控雕刻技术

项目：四川中路 133 号大楼（上海市优秀历史建筑）
时间：2020 年

采用手持式三维扫描与逆向建模技术，对待复原的复杂花饰造型进行高精度数字化细节还原；

材料选择时，考虑到固定混凝土花饰会对大楼外墙造成较大损伤，故用 XPS 作为主要材料；

通过多轴雕刻技术对花饰基层进行加工还原，再使用传统水刷石工艺进行面层还原。

盾形花饰构件复原

立面钢窗莨菪花饰复原

图 2-147 多轴数控雕刻

工业级 3D 打印技术

项目：汇丰银行大楼（全国重点文物保护单位、上海市优秀历史建筑）
时间：2022 年

扫描所得 0.01mm 级高精度 Mesh 数据，经补洞、曲面拟合等优化工作后，得到装饰线脚的阳模数据；

基于布尔运算，通过法线翻转，得到阴模数据，基于造型轮廓整体外扩 2mm 后得到 3D 加工模型；

经多种打印材料与工艺的比选、打样，最终选用特种柔性光敏树脂，提供柔性承载力，实现对石膏饰面及复杂装饰造型的全方位贴合保护。

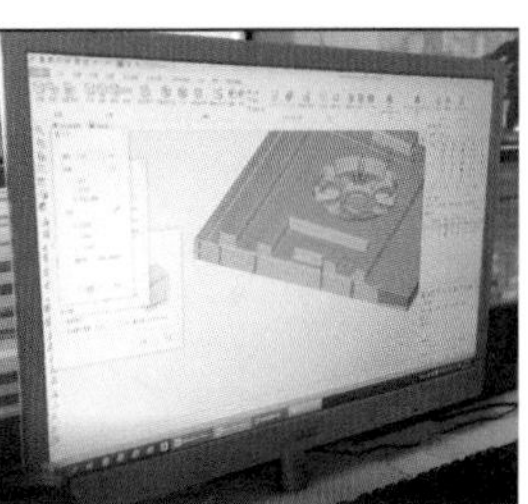

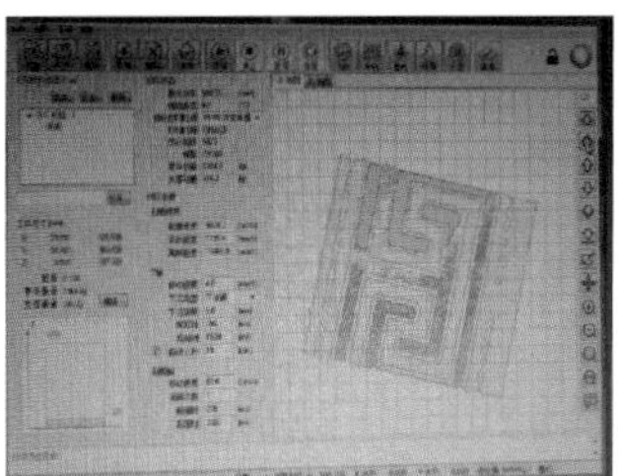

（a）原始 Mesh 模型优化拟合及 3D 打印加工模型制作

传统光敏树脂

柔性光敏树脂

聚氨酯（填充率 20%）

聚氨酯（填充率 40%）

（b）打印材料优选及实物打样

游标卡尺实测复核

光固化快速成型工艺

模具后处理精修

模组顶撑实验

（c）基于 3D 打印工艺的柔性临时支撑模组研发关键工序

图 2-148 工业级 3D 打印

2.10.4　数字施工技术

传统修缮方案二维表达方式无法清晰表达施工过程动态变化及复杂工艺，往往会出现因识图理解偏差或交底不清晰而造成“修复性破坏”的情况。通过数字化手段，结合专项方案进行前置虚拟施工，对修缮方案进行模拟验证及优化完善（图 2-149），结合智能化三维放样（图 2-150）及复核技术（图 2-151）实现施工现场控制线与安装点位的高精度、高效率自动测放与数字化施工质量复核，提高施工效率、保护建筑原貌，确保修缮质量。

可视化施工仿真技术

项目：汇丰银行大楼（全国重点文物保护单位、上海市优秀历史建筑）、上海展览中心（上海市优秀历史建筑）、新昌路 7 号地块
时间：2022 年、2020 年

在前序施工图设计模型或深化设计模型的基础上，搭建施工过程模型；

结合专项方案进行前置虚拟施工，以施工逻辑串联仿真模拟；

经模拟验证及针对性优化完善，得到最终修复策略组合。

石库门门头保护性卸解方案虚拟仿真与优化完善

木龙骨吊顶修缮方案虚拟仿真与验证优化

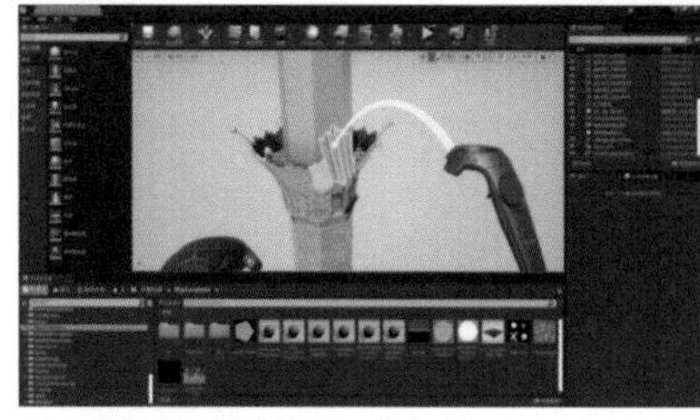
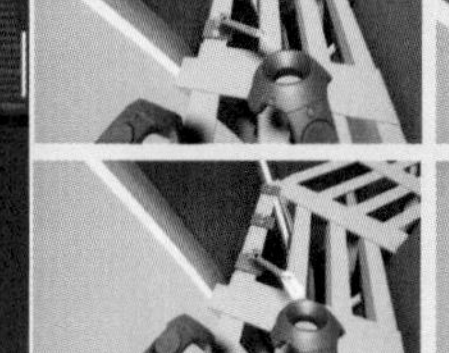

交互式虚拟可视化修缮工艺交底

图 2-149　可视化施工仿真

数字化定位放样技术

项目：上海银行总部大楼、人民大会堂上海厅
时间：2022 年、2021 年

基于深化设计模型提取放样坐标，关联测设点与已知控制点；

将模型坐标数据放样定位至施工现场对应真实点位，实现施工现场控制线与安装点位的高精度、高效率自动测放，辅助精准安装。

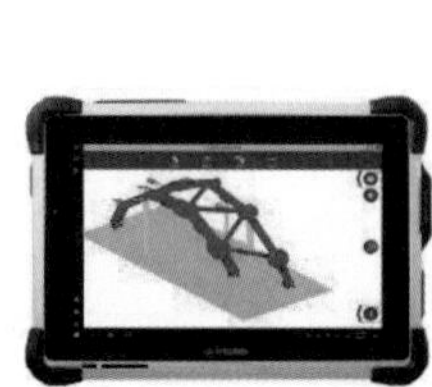

外业平板电脑（手薄）

智能全站仪主机

全反射棱镜及棱镜杆

智能放样机器人设备套装

天花 GRG 吊顶预拼装及现场数字化辅助安装实拍

图 2-150　数字化定位放样

数字化质量复核技术

项目：衡山宾馆（上海市优秀历史建筑）、四川中路 133 号大楼（上海市优秀历史建筑）
时间：2021 年、2020 年

应用基于高精度定位算法的增强现实技术，实现三维模型与实际施工场景的实时、高精度融合叠加；

辅助实现高效率的安装定位和自动化的质量复核，为施工交底、进度管控、隐蔽工程验收、运营维护等环节提供三维可视化指导。

基于增强现实技术的施工质量自动复核

图 2-151　数字化质量复制

2.10.5　数字管控技术

针对建筑遗产修缮改造过程中技术、进度、质量、安全等要素的数字资产不完整、质量复核难度高、管理协同能效低等难题，创新研发建筑遗产更新全过程数字化协同管理平台（图 2-152、图 2-153），将数字化技术，引入建筑更新过程管理，通过实现各个阶段的可视化、数字化、精细化等一系列管理形式，以 BIM 轻量化引擎、工作流引擎、图形引擎为基础技术支撑，以集成模型为载体，为项目技术、进度、质量、安全和管理等方面提供数据支撑，达到项目协同管理的目的，同时对数据进行动态记录、追溯、分析。

构配件全流程综合管控平台

项目：上海展览中心（上海市优秀历史建筑）
时间：2020 年

基于模型对构配件进行分析、构件拆分、编号整理、分类汇总；

进行编码统计、信息录入、RFID 标签绑定，追溯每个板块及构件实际位置，逐一跟踪每道工序进展；

反映出每个构件的加工工序进度，加工的质量情况，并进行实时推送。

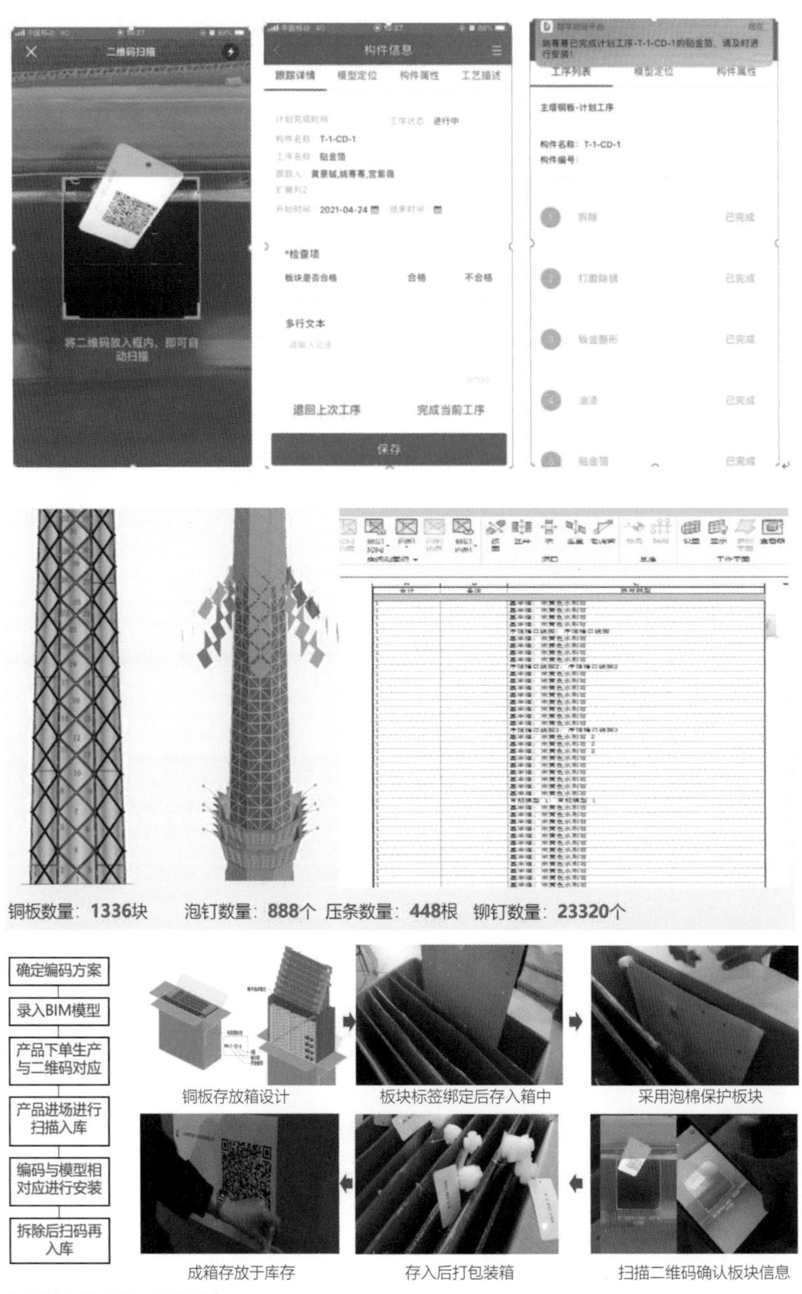

图 2-152　构配件全流程综合管控平台

智能脚手架安全监测预警平台

项目：上海展览中心（上海市优秀历史建筑）
时间：2020 年

对脚手架 + 建筑主体结构体系施工全过程的受力状态进行实时监测及预警；

采用基于物联网的盘扣式脚手架智能化监测系统对现场数据进行在线实时监测，开展脚手架与原结构的相对位移监测、与建筑拉结点受力监测、与建筑震动频率监测等脚手架信息化检测配套工作；

通过无线传输和数值分析对脚手架 + 建筑结构体系安全进行风险评估，弥补传统方法的不足，及时发现脚手架安全隐患并实现即时预警。

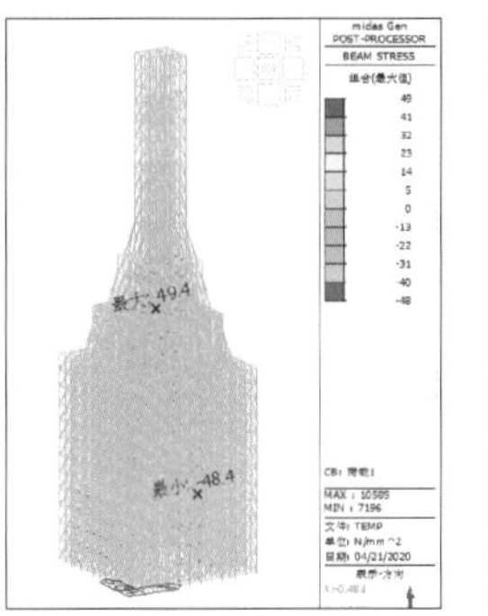

横载及活载整体杆件云图

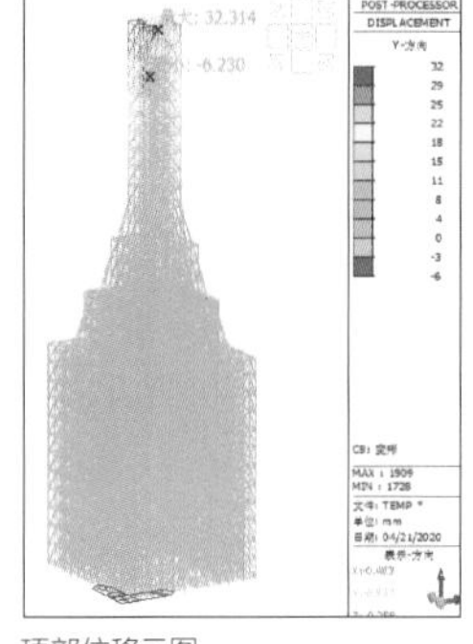

顶部位移云图

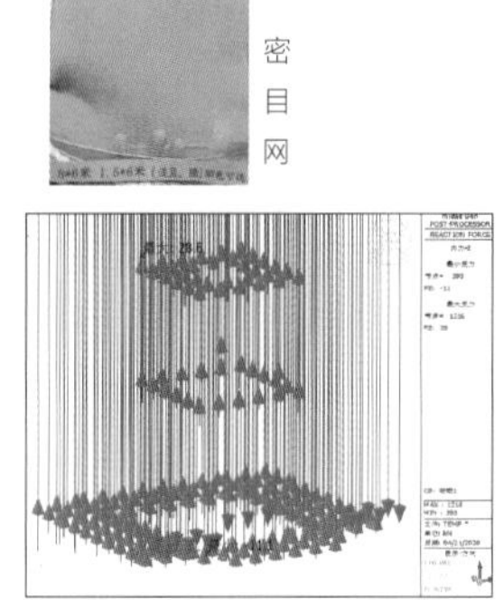

竖杆拉应力云图

（a）脚手架立杆稳定承载力、水平杆强度、节点最大拉力、压力计算优化

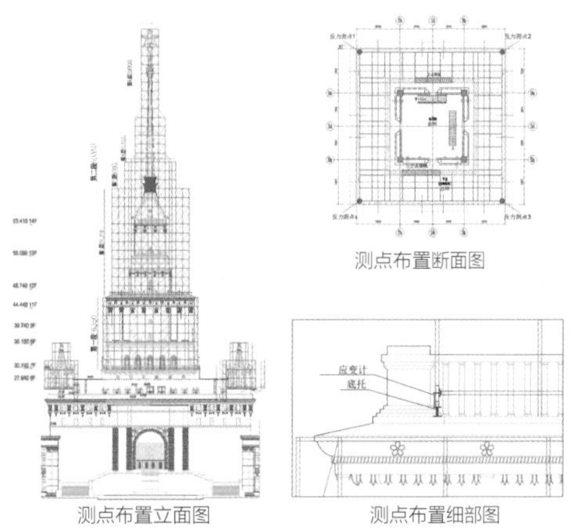

测点布置断面图

测点布置立面图

测点布置细部图

（b）脚手架底托反力监测点布置图

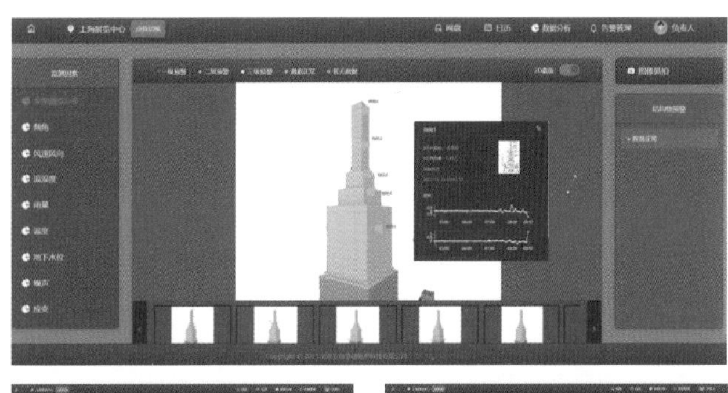

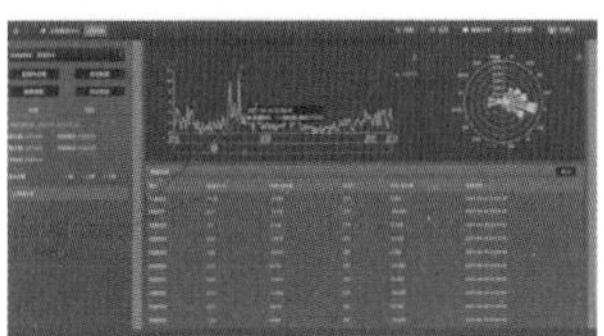

风速风向历史数据

双向角度历史数据

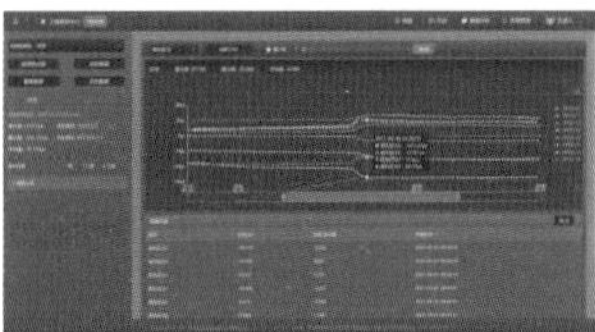

脚手架底托反力历史数据

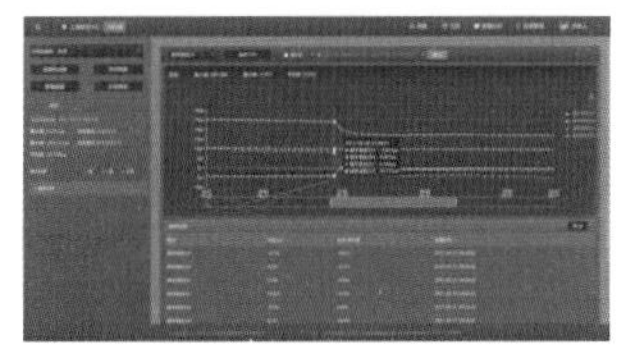

脚手架应力历史数据

（c）智能化脚手架安全监测系统

图 2-153　智能脚手架安全监测预警平台

2.11　其他类改造技术及应用

2.11.1　古民居异地迁移再生技术及应用

古民居建筑有着丰富的历史底蕴，极大程度地再现了人类居住历史与人文文化，具有极高的保留价值。针对古民居异地重建的修缮技术瓶颈和使用功能提升、历史痕迹保留等问题，通过异地古民居艺术构件移植、复制技术、古建筑无损检测技术、古建筑室内外修缮复原技术等一系列手段（图 2-154～ 图 2-159），形成一套完善的古民居异地重建、修缮、保护的成套室内外装饰技术。在满足设计要求、美观要求、施工要求的同时大幅度提升古民居的现代使用功能，并最大程度保留古民居建筑的原有特色，使古民居建筑的区域特点、当地文化涵养得以保留传承。

木构件无损检测技术

项目：世博民居文化区老民居酒店
时间：2018 年

超声波检测仪；
应力波检测仪；
声发射检验。

超声波检测仪

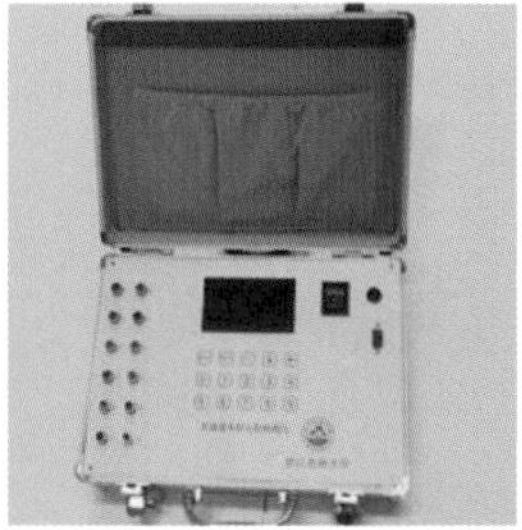

检测箱

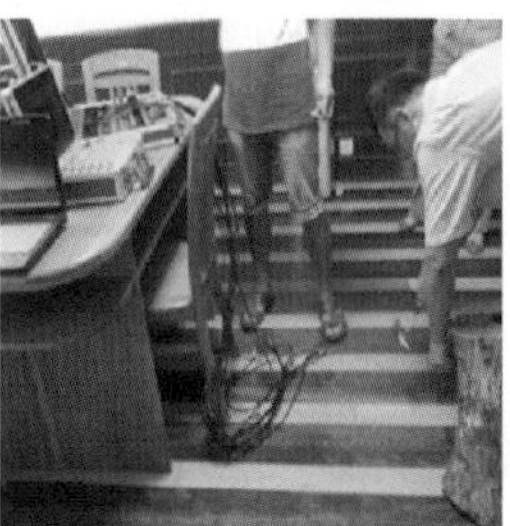

选定测量位置

传感器装在钢钉上

敲击传感器

图 2-154　木构件无损检测

整体结构迁移再生技术

项目：世博民居文化区老民居酒店
时间：2018 年

老木结构梁、柱、构件收集；
老木结构预拼；
老木结构修缮；
结构完善；
设备管线；
木结构屋面。

砖雕　瓦片　老砖
井圈、井柱　老木雀替　老木门窗与构件
雀替 3D 打印复原　砖雕　砖雕
外立面门头　木雕　挂落修缮
清理　嵌填修补　上桐油
修缮后室内效果

图 2-155　整体结构迁移再生

木构件保护技术

项目：世博民居文化区老民居酒店
时间：2018 年

木材树种鉴定；
含水率控制；
化学防腐；
化学加固。

微波木材烘干、杀虫

光学显微镜

木材标本

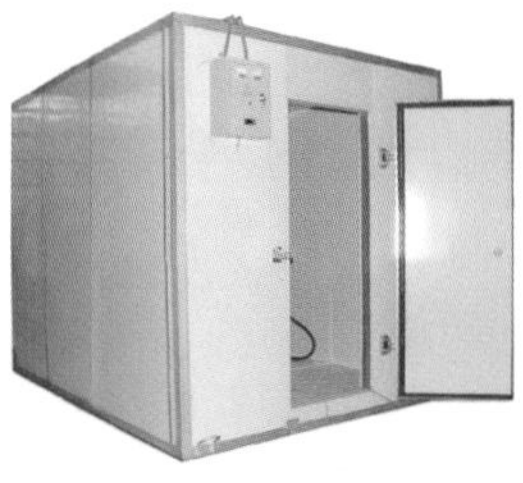
冷冻处理室

木材熏蒸烘干

图 2-156　木构件保护

仿古地坪

项目：世博民居文化区老民居酒店
时间：2018 年

铺设；
理缝；
表面研磨；
表面上木蜡油；
采用生桐油“钻生”。

仿古地坪

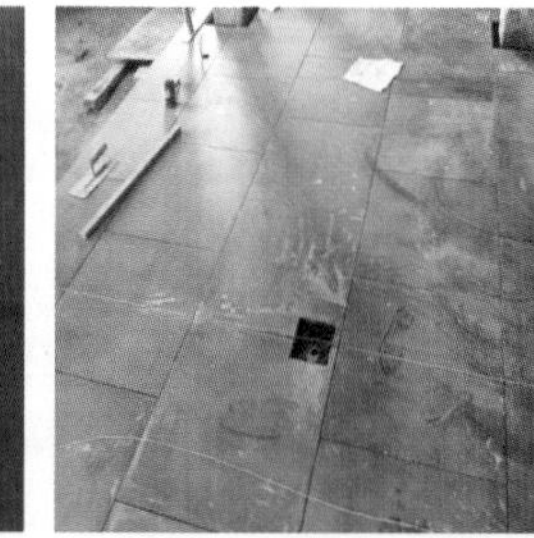
铺设

理缝

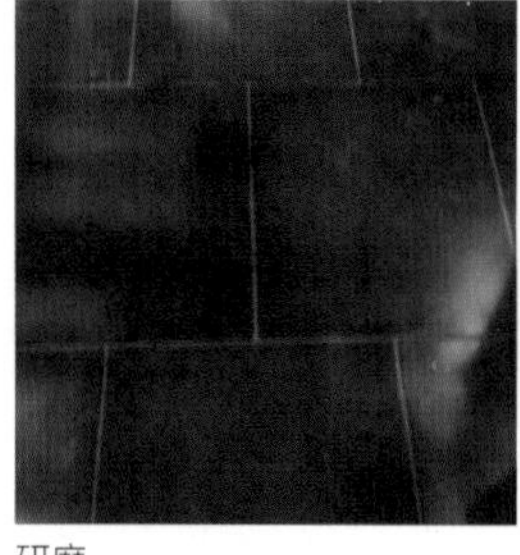
研磨

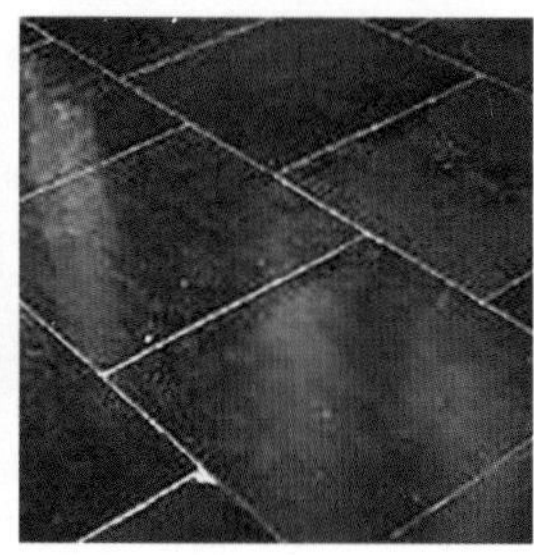
上油

图 2-157　仿古地坪

“金砖”是采用特殊区域的泥土经造泥、练泥、制胚、烧制等三十多道工艺精制而成的黏土细料方砖，规格有二尺二见方、二尺见方和一尺七见方三种，因颗粒细腻，质地厚重，敲之有金石之声，故名“金砖”，过去常用于宫廷建筑。一般经过砍磨、打滑、抄平、铺浆、试铺、漫平、漫桐油等十几道工序。

柱础石修复

项目：世博民居文化区老民居酒店
时间：2018 年

室内木贴木结构的柱础石标高不一；
部分木贴柱子随柱础石标高的不同，对木柱进行裁截或加接；
柱础石高度应调整为室内地坪统一标高，缺失部分应予以修补，表面损坏应采用石粉修补。

图 2-158　修复后

消防、空调设备改造升级

项目：世博民居文化区老民居酒店
时间：2018 年

喷淋、烟感、通风口孔洞预留；
机电、管线布线及改造；
安装喷淋、烟感器、通风口。

喷淋预留

烟感预留

喷淋安装

通风口

改造后

图 2-159　消防、空调设备改造

2.11.2　网格化信息监控技术及应用

在历史建筑改造中，依靠传统的经验，判断结构安全性已无法满足要求，需要利用网格化信息监控方法，全面跟踪和监测施工全过程各个阶段结构的重要力学参数。网格化信息监控包括梁柱应变监测（图 2-160）、外墙沉降监测（图 2-161）、外墙裂缝监测（图 2-162）等。

梁柱应变监测技术

项目：申达大楼（上海市优秀历史建筑）
时间：2010 年

建立结构模型；
布置应变信息点；
实时与结构设计模型比较梁、柱应力差异变化。

中达大楼梁柱信息化监测

应变监测点

图 2-160　梁柱应变监测

建筑位移监测技术

项目：申达大楼（上海市优秀历史建筑）
时间：2010 年

在不同楼层布置相应的位移信息点；

记录各个位移测点的三维坐标；

计算每段墙面竖直位移。

图 2-161　全站仪监测

外墙裂缝监测技术

石膏浆粉刷在裂缝中心处，粉刷尺寸为 100mm × 100mm，作为监测点；

观察裂缝发展情况。

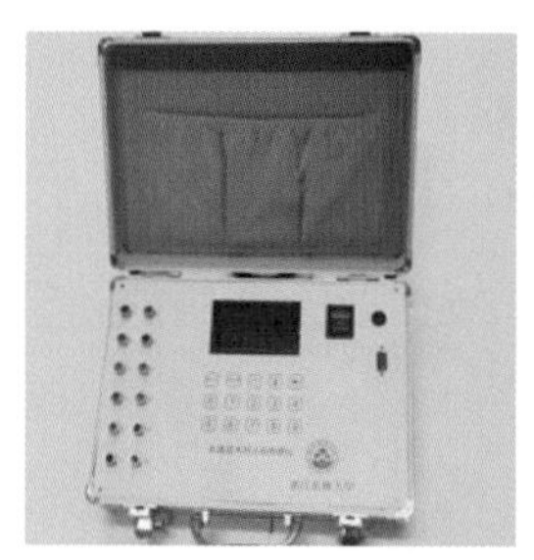

图 2-162　裂缝监测

2.11.3　贵金属高耸塔尖无损吊装技术及应用

传统塔尖建筑整体高空吊装技术操作困难，局限性较大。针对此问题，本技术提供了一种安全、无损、有效的吊装技术（图 2-163）。

贵金属高耸塔尖无损吊装装置

项目：上海迪士尼主题乐园
时间：2016 年

顶部十字抗扭吊盘式环箍结合拉杆式 / 传动式无接触保险支撑；

下部环箍与爪状插入式悬挑受力杠杆支撑形成整体可拆卸式吊具；

传动式无接触保险支撑、拉杆式无接触保险支撑；

锥体式导向杆盲穿双法兰盘联动系统，满足安装精确性并一次就位。

塔尖吊装完成效果

吊架荷载试验

吊装过程

盲穿法兰底座

塔尖安装

图 2-163　贵金属高耸塔尖无损吊装

2.11.4 主题抹灰与主题上色技术及应用

采用专用水泥及涂料制作逼真的自然景观和人工产品（图 2-164），避免天然材质的大量浪费，并规避了天然材质的腐蚀性、耐候性差、强度低等一系列材质问题，其工艺要求需同时满足质量与艺术要求。

主题抹灰技术

项目：上海迪士尼主题乐园
时间：2016 年

在基层粉刷出需要雕刻的抄胚原型；
采用专业镘刀进行拉毛等雕刻；
肌理使用特别调制的砂浆，专用挤缝工具进行纹理雕刻处理；
通过主题上色工艺达到高光、水洗等效果。

外墙主题抹灰效果

室内主题抹灰效果

雕刻工具

水泥雕刻过程

水泥雕刻半成品

石块雕刻

上色工具

仿铁、仿木、仿石

图 2-164　主题抹灰

2.11.5　木材做旧技术及应用

木材做旧技术

项目：上海迪士尼主题乐园
时间：2016 年

（图 2-165）

工厂加工

预排验收

木材做旧

城堡门做旧

图 2-165　木材做旧

2.11.6　装饰艺术构件的金属贴金技术及应用

金属贴金工艺

项目：上海迪士尼主题乐园
时间：2016 年

（图 2-166）

图 2-166　金属贴金

回顾

Review

第 3 章

Chapter 3

3.1　文物建筑经典案例

3.1.1　亚细亚大楼

地址：上海市黄浦区中山东一路 1 号
项目名称：亚细亚大楼修缮、装修项目

全国重点文物保护单位
上海市优秀历史建筑
开竣工时间：2009.4—2009.12

亚细亚大楼为中山东一路上海外滩建筑群之首，与延安东路相交，东门为中山东一路 1 号，南门为延安东路 2 号。大楼是吸收了多种建筑样式的折中主义风格，平面方正，呈回字形，当中设天井，入口、门窗等，局部装饰为巴洛克式，外观采用爱奥尼克柱式，并用曲面、曲线、疏密等多种手法，突出立面空间的凹凸起伏和运动感，讲究视觉效果，使建筑外貌雄奇华丽。

2010 年承建上海市中山东一路 1 号大楼（图 3-1）修缮、装修工程，工程重点为：大楼的整个外墙面、内外立面的钢窗及五金配件；入口门厅，2#、3#、4# 楼梯间及 1# 楼梯的地坪马赛克等。

图 3-1　亚细亚大楼东南面

3.1.2 东风饭店

地址：上海市黄浦区中山东一路 2 号
项目名称：东风饭店保护性修缮项目

全国重点文物保护单位
上海市优秀历史建筑
开竣工时间：2008.7—2010.5

东风饭店位于中山东一路 2 号，是闻名中外的外滩建筑群中南端重要组成部分。该大楼于 1909 年动工、1911 年落成，名为“上海总会”，早期的上海总会为英国式 3 层砖木结构建筑，具有英国文艺复兴时期建筑的特征，为上海当时最重要的社交场所。1971 年，这里成为著名的东风饭店。

2008—2009 年对东风饭店（图 3-2 ~ 图 3-8）进行了全面的保护性修缮及装饰工程，包括：外墙、透光天棚、瓦屋面、地坪大理石、外立面窗、室内木制品、天花石膏花饰制品及铁艺修缮等内容。

图 3-2 东风饭店东立面

图 3-3　东风饭店大堂

图 3-4　一楼浦江厅（原艺术沙龙）

图 3-5　小宴会厅

图 3-6　宴会厅

图 3-7　入口门厅

图 3-8　图书室

3.1.3 有利银行大楼

地址：上海市黄浦区中山东一路 3 号
项目名称：外滩 3 号室内修缮与装饰项目

全国重点文物保护单位
上海市优秀历史建筑
开竣工时间：2004.5—2004.12

中山东一路 3 号始建于 1916 年，1937 年被英资购得后，改名有利银行大楼（图 3-9），是上海第一座采用钢框架结构的建筑。2004 年，全球杰出建筑师——Michael Graves 将这座历史建筑重新打造成为如今的外滩三号。这一开创性的改造不仅保留了这栋建筑昔日的辉煌，还焕发出 20 世纪 30 年代上海的华丽风韵及成为现代中国生活方式的时尚地标。建筑立面采用新古典主义文艺复兴建筑风格，大楼立面三段式构图，均衡对称，大门、阳台、和塔亭都布置在主轴线上，当人们的眼光由中心向两边视野时，大楼就显得气势宏大。2004 年承建外滩 3 号室内外的保护修缮。

图 3-9 外立面夜景

3.1.4　春江大楼

地址：上海市黄浦区中山东一路 18 号
项目名称：外滩十八号室内外修缮、装饰项目

全国重点文物保护单位
上海市优秀历史建筑
开竣工时间：2010.4—2010.9

春江大楼位于中山东一路 18 号，原为最早进入中国的外国银行——英商丽如银行的所在地，不久又成为英国渣打银行驻中国总部，并以渣打银行上海分行首任经理 John Mackellar 名字的中译音称之为“麦加利银行”大楼。1949 年后称作“春江大楼”。外形具有罗马古典主义建筑风格，三角形的屋顶使其显得更加玲珑别致。其底层的外墙面用花岗石铺贴而成，2～4 层中间用两根巨大的爱奥尼克柱式作装饰和支撑，显得十分气派。

2010 年春江大楼（图 3-10、图 3-11）修缮工程，主要为外墙清洗和保护性修复、室内大厅具有原建筑风格的吊顶、大理石柱、进厅石材墙面等重点部位保护修复，以及其他公共部位装饰。

图 3-10　外滩十八号夜景

图 3-11　外滩十八号宴会厅

3.1.5 上海市总工会大楼

地址：上海市黄浦区中山东一路 14 号

项目名称：上海市总工会大楼室内外修缮、装饰项目

全国重点文物保护单位

上海市优秀历史建筑

开竣工时间：2008.7—2009.9

上海市总工会大楼（图 3-12）位于中山东一路 14 号，该建筑原为交通银行大楼，鸿达洋行设计，1946—1948 年由陶馥记营造厂承建。装饰艺术派风格，立面强调竖线条构图，中轴对称，顶部加高两层作塔状造型。装饰简洁，底层及入口用黑色大理石饰面，其余墙面都以白水泥粉刷。大门原为转门，入内是彩纹人造大理石过道，两侧环状扶梯亦为大理石台阶，紫铜栏杆。二楼大厅内有 4 排圆形大柱，每排 9 根，柱子下半部贴红色油地毡，四壁也用红地毡贴面，中间走廊铺彩色人造大理石。2008 年承建其室内外修缮、装饰项目。

图 3-12　上海市总工会大楼东立面

3.1.6　锦江饭店

地址：上海市黄浦区茂名南路 59 号
项目名称：锦江饭店锦福会中餐厅修缮项目

上海市文物保护单位
上海市优秀历史建筑
开竣工时间：2018.3—2018.7

上海锦江饭店锦福会餐厅位于茂名南路 59 号锦北楼 14 层，餐厅建筑面积约 1 000m^2。锦北楼原名“华懋公寓”，由华懋地产公司投资，1927 年破土动工，至 1929 年建成，高 57m，地下 1 层，是上海第一幢突破 10 层大关的公寓建筑。

2018 年承建锦江饭店锦福会餐厅（图 3-13 ~ 图 3-16）的室内设计、修缮工程，包含了“工程设计、实施、竣工及缺陷修复”等全部内容。

图 3-13　锦江北楼外立面

图3-14　宴会厅

图3-15　蓝色包房

图3-16　走廊

3.1.7 上海美术馆

地址：上海市黄浦区南京西路 325 号
项目名称：上海美术馆室内修缮项目

上海市文物保护单位
上海市优秀历史建筑
开竣工时间：2005 年—2006 年

该建筑建成于 1933 年，原为旧上海跑马总会，是一幢经典的英式建筑。其带有折中主义和古典主义风格的钟楼至今仍是上海浦西地区的地标性建筑之一。1949 年后，曾作为上海博物馆、上海图书馆。20 世纪末经改扩建后作为上海美术馆（图 3-17 ~ 图 3-22）。

改扩建工程完整地保留了其原有的新古典主义特色外观，并根据美术馆的功能要求进行了内部改造，是一座典雅、大方的艺术殿堂。于 2005 年承建其室内修缮与装饰工程。

图 3-17 上海美术馆展区

图 3-18 上海美术馆展区

图 3-19 上海美术馆大堂

图 3-20 上海美术馆大厅

图 3-21 上海美术馆楼梯

图 3-22　上海美术馆外立面

3.1.8　和平饭店北楼

地址：上海市黄浦区中山东一路 20 号
项目名称：和平饭店北楼室内修缮项目

全国重点文物保护单位
上海市优秀历史建筑
开竣工时间：2009.12—2010.7

和平饭店北楼（图 3-23、图 3-24）始建于 1926 年 4 月，于 1929 年 8 月建成营业，原名华懋饭店（Cathay Hotel），属芝加哥学派哥特式建筑，楼高 77m，共 12 层，和平饭店北楼是上海外滩建筑群中的最高建筑。1984 年、1996 年为满足五星级酒店要求，曾进行过二次修缮，补充设备设施。

2009 年承建该建筑的修缮工程，工程施工范围涉及底层接待大厅、底层中庭区、底层爵士吧、底层大堂休闲廊、底层书店、底层东门走廊、底层公共流通、底层电梯大厅、夹层书店、夹层鸡尾酒、寿司吧、夹层雪茄廊、葡萄酒吧等。

图 3-23　和平饭店北楼外立面

图 3-24　和平饭店北楼八角亭

3.1.9　和平饭店南楼

地址：上海市黄浦区中山东一路 19 号
项目名称：和平饭店南楼室内外修缮工程

全国重点文物保护单位
上海市优秀历史建筑
开竣工时间：2009.7—2010.2

和平饭店南楼的侧门位于中山东一路 19 号，正门为南京东路 23 号。新楼于 1906 年开工，于 1908 年新楼落成，改名为“汇中饭店”。属于安妮女王风格文艺复兴风格类型的建筑，建筑外观和内装饰局部采用巴洛克艺术风格。

2009 年承建和平饭店南楼（图 3-25 ~ 图 3-30）室内外修缮工程，2010 年完成修缮。

图 3-25　和平饭店南楼外立面

图 3-26　和平饭店南楼室内

图 3-27　斯沃琪艺术中心

图 3-28　休息室

图 3-29　主楼梯

图 3-30　主入口

3.1.10　国际饭店

地址：上海市黄浦区南京西路 170 号
项目名称：国际饭店室内修缮项目

全国重点文物保护单位
上海市优秀历史建筑
开竣工时间：2008.2—2008.4

1934 年，匈牙利建筑师邬达克设计出这幢摩天高楼——上海国际饭店（Park Hotel）。国际饭店地处繁华的南京西路，对面是风景如画的人民公园，是上海最具“年代感”的饭店之一，曾经有着“远东第一楼”的美誉。

图 3-31　国际饭店外立面

国际饭店外墙呈赭褐色，平面布置就像“工”字，立面采取竖线条划分，前部 15 层以上，逐层四面收进成阶梯状，造型高耸挺拔，是 20 世纪 20 年代美国摩天楼的翻版。

2008 年承建上海国际饭店（图 3-31 ~ 图 3-34）室内修缮工程，对室内的楼梯、地面、大堂等具有重要历史意义的部位进行重点保护与复原修缮。

图 3-32　国际饭店楼梯

图 3-33　国际饭店室内大堂

图 3-34　国际饭店大堂

3.1.11　中国光大银行大楼

地址：上海市黄浦区中山东一路 29 号
项目名称：中国光大银行室内外修缮项目

全国重点文物保护单位
上海市优秀历史建筑
开竣工时间：2011.5—2011.11

中国光大银行原系东方汇理银行大楼，位于外滩北段中山东一路 29 号。大楼分主楼与辅楼两部分，主楼建于 1912—1914 年，辅楼 1996 年建成。主楼占地面积 730m^2，建筑面积约 2 200m^2，钢筋混凝土框架结构，楼高 3 层，建筑高度约 18.6m，平均层高超 6m，是外滩建筑中平均层高之首。

2011 年 5 月—2011 年 11 月承建光大银行外滩 29 号（图 3-35）办公楼修缮工程，修缮范围涉及室内大厅、1 层贵宾室、1 层金库、2 层会议室、3 层 301 贵宾接待室、3 层平顶露台、1 ~ 3 层室内吊顶、1 ~ 3 层现有铜窗门锁。

图 3-35　外滩二十九号中国光大银行大楼夜景

3.1.12 青年会宾馆

地址：上海市黄浦区西藏南路 123 号
项目名称：青年会宾馆室内外修缮项目

上海市文物保护单位
上海市优秀历史建筑
开竣工时间：2009.2—2009.9

青年会宾馆位于西藏南路 123 号，原名八仙桥基督教青年会淮海饭店，是中国设计师最早设计的民族形式的高层建筑。建筑于 1931 年建成，总面积 12 870m^2，共 11 层，为钢筋混凝土框架结构。青年会宾馆建筑平面呈凹形，坐东朝西，其外形中西风格相结合，立面下部 3 层采用平整的花岗石，拱券入口和腰线采用花纹装饰；中部 5 层采用泰山面砖装饰；顶部 1 层上下重檐，檐下饰斗拱，屋顶为蓝色琉璃瓦。建筑内部有仿中国宫殿油漆彩绘、仿中国宫殿建筑的隔窗。1998 年青年会宾馆重新进行装修，2002 年部分装修。

2009 年承建其室内外修缮工程，室内外的彩绘修缮为本工程的一大难点，前期调研中对原有彩绘花式、材料组成、绘制工艺等进行了系统调查，研究发现，青年会宾馆（图 3-36 ~ 图 3-42）现存彩绘与传统的和玺彩绘、旋子彩绘、苏式彩绘的形制多有不同。它以独特的风格、稀有的制作技术及其雅俗共赏的装饰效果令人印象深刻。

图 3-36 青年会宾馆外立面

图 3-37　青年会宾馆大堂

图 3-38　过道

图 3-39　餐厅

图 3-40　青年会宾馆楼梯

图 3-41　青年会宾馆楼梯

图 3-42　青年会宾馆通道

3.1.13　第一百货商店

地址：上海市黄浦区南京东路 830 号
项目名称：市百一店室内外修缮、改造项目

上海市文物保护单位
上海市优秀历史建筑
开竣工时间：2017.7—2017.12

上海市第一百货商店（图 3-43 ~ 图 3-48）位于南京东路，西藏中路东北角，原名为大新公司，建于 1934 年，由著名侨商蔡昌投资兴建，现业主为上海百联集团股份有限公司。大楼外貌简洁明朗，外立面采用中西结合的设计手法，总体上属装饰艺术派风格，局部和装饰细部处理上融入了部分中国元素。受巴黎美术学院派影响，外立面的设计手法大量使用向上的竖线条，并于顶端收成盾状墙垛，造型统一简约，体现了商业建筑的现代感以及城市的活力。

2017 年承建该建筑修缮工程，修缮范围为室外首层石材整体替换，室内修缮内容涉及楼梯间、水磨石踏步和护壁等。

图 3-43　市百一店外立面

图 3-44　梧桐树主题室内装饰

图 3-45　大堂吊顶

图 3-46　室内中庭

图 3-47　老上海主题室内装饰

图 3-48　室内通道

3.1.14　上海总商会大楼

地址：上海市静安区北苏州路 470 号
项目名称：上海总商会宝格丽酒店的室内装饰项目

上海市文物保护单位
上海市优秀历史建筑
开竣工时间：2016.11—2017.11

1916 年上海总商会大楼正式落成。总商会大楼由英国通和洋行设计建造，立面对称，横三段划分，以清水红砖为主，饰以精美的预制仿石柱饰，具有西方古典主义风格特征，保存相对完整。立面底层为基座，用花岗岩砌筑，从大楼的正面或侧面，都可沿大台阶拾级而上到达 2 楼主入口，台阶和主入口也用花岗岩构筑。2016 年承建上海总商会宝格丽酒店（图 3-49 ~ 图 3-52）的室内装饰工程。

图 3-49　上海总商会大楼外立面

图 3-50　外立面实景

图 3-51　上海总商会宝格丽酒店宝丽轩室内实景

图 3-52　水疗中心

3.1.15 华山路 1076 号花园洋房

地址：上海市长宁区华山路 1076 号
项目名称：花园洋房（上海市经济信息中心 1 号楼）室内外修缮项目

上海市优秀历史建筑
开竣工时间：2017.11—2018.2

华山路 1076 号（现上海市经济信息中心）花园洋房建于 1916 年，建筑面积 1 032m^2。该建筑原为汇丰银行大班住宅，系典型的德国古典乡村式住宅，红机瓦陡坡屋面，有双坡屋面老虎窗，半露黑色木构架，木构架间白色粉刷，2 层山墙面有凸窗，底层墙面为红砖清水墙面，假 3 层建筑，屋面大小错落有致，造型美观，别具风格（图3-53）。南侧二层落地长窗，通2层平台，底层有廊房，柚木地板，煤气、水电设施一应齐全。东侧有一座 1 层附属建筑，屋顶上有一钢制风向标，明示“1916 年”，记录了这座建筑的建筑年代。整个花园占地 6 300m^2，面临华山路，花园内古树参天，草地如茵。西侧一幢建筑是在新中国成立后仿此建筑格调插建的一幢假 3 层住宅，后被误认为同期的建筑。此处花园住宅与西侧建于 1930 年的 1100 弄和 1120 弄花园住宅形成成片花园住宅群，被列为上海市优秀近代建筑。

图 3-53　花园洋房室外全景

3.1.16　复旦大学子彬院

地址：上海市杨浦区邯郸路 220 号
项目名称：复旦大学子彬院修缮工程

上海市杨浦区文物保护单位
上海市优秀历史建筑
开竣工时间：2009.12—2010.8

上海复旦大学子彬院位于上海市杨浦区邯郸路 220 号复旦大学邯郸校区西部，建于 1925 年。建筑分为子彬院南楼、北楼、附属楼三个部分。子彬院建筑风格简练朴实、庄重大气，与周边教学楼、南向大花园形成了学术氛围浓厚的人文环境。房屋立面简洁、屋脊高低错落，线条处理以竖线条为主，南立面为主立面，底层中部设主入口，并以其为对称轴，东西两翼基本对称，平面呈倒“T”形。

2009 年承建复旦大学子彬院（图 3-54 ~ 图 3-57）修缮工程，对建筑外立面内部底层空间格局，门厅、楼梯间、井字形天花造型、柱头、地砖等原有特色装饰进行了重点保护与修缮。

图 3-54　复旦大学子彬院外立面

图 3-55 复旦大学子彬院外立面

图 3-56 北楼大堂

图 3-57 北楼室内

3.1.17　圣三一基督教堂

地址： 上海市黄浦区九江路 219 号
项目名称： 圣三一基督教堂结构信息化监测项目

全国重点文物保护单位
上海市优秀历史建筑
开竣工时间： 2007.6—2008.12

圣三一基督教堂（图 3-58 ~ 图 3-61）是上海现存最早的基督教堂，于 1847 年建成，1866—1869 年重新建造。教堂位于上海市黄浦区九江路江西中路，大堂高 17m，原设计为砖木石混合结构，其平面呈十字形。建筑中带有许多哥特风格的元素，如遍布教堂各处的尖券，只是在入口门廊处却采用了半圆券。整座教堂的室内外均采用清水红砖墙面，因而圣三一堂又俗称为“红礼拜堂”。2007 年上海市建筑装饰工程集团有限公司提供了结构信息化监测技术服务。

图 3-58　教堂室外

图 3-59　教堂室外

图 3-60　教堂顶面

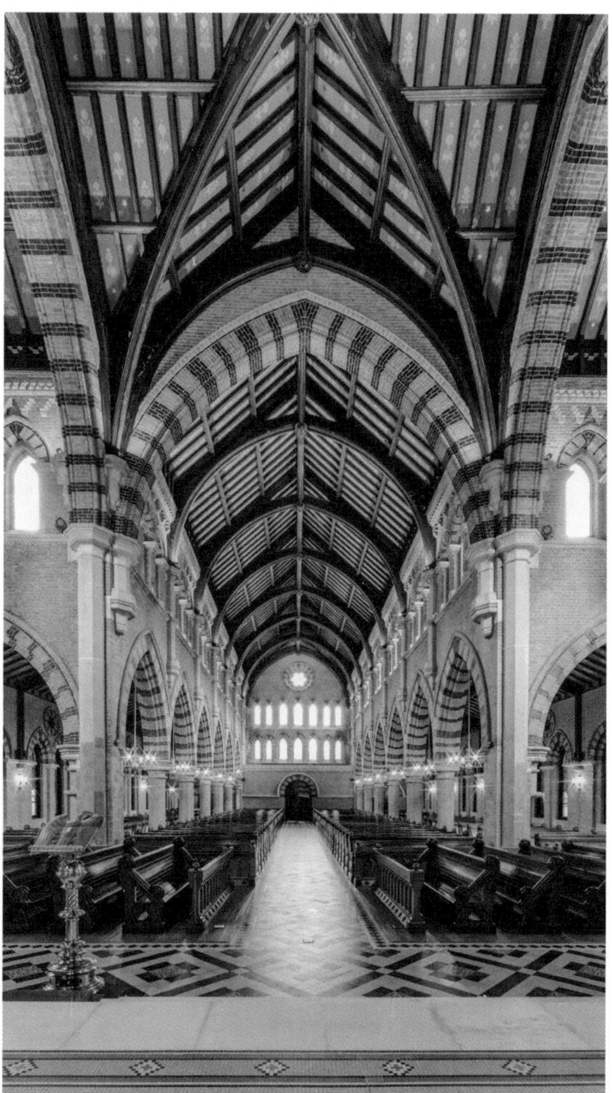

图 3-61　教堂室内

3.1.18 豫园城隍庙南翔馒头店

地址：上海市黄浦区豫园老街 279 号
项目名称：豫园城隍庙南翔馒头店改造

上海市黄浦区文物保护点
开竣工时间：2018.5—2018.9

无论对上海人还是外地游客，豫园九曲湖畔的“南翔小笼”都是独有的上海味道。如今这家百年老字号以全新形象面世了。10 月 26 日，历经半年闭店升级改造的豫园“南翔馒头店”重新开业，这是它历史上规模最大的一次改造，也是豫园商圈升级的一个缩影。

2018 年承建南翔馒头店（图 3-62 ~ 图 3-68）的改造工程，历史风貌区的仿古建筑设计、古建筑结构拆除与重新加固工艺、特色外立面改造与复原技术、古建筑的室内精装修、原建筑拆除及结构改造期间保证结构稳定性的技术、保证外立面修缮改造后保持原有风貌的技术措施，为本项目的研究重点。

图 3-62　南翔馒头店全景

图 3-63　外立面

图 3-64　包房

图 3-65　包房

图 3-66　过道

图 3-67　餐厅

图 3-68　餐厅

3.1.19 杨树浦路 61 号永兴仓库

地址： 上海市虹口区杨树浦路 61 号
项目名称： 杨树浦路 61 号室内外修缮工程

上海市虹口区文物保护点
开竣工时间： 2020.4—2020.12

永兴仓库（图 3-69、图 3-70）依托于汇山码头，属于黄浦江航运业的附属设施。场地与汇山码头隔杨树浦路相望。码头由英商修建，始建于 1872 年。因码头毗邻百老汇路（今大名路），被称为 Wayside Wharf（路边码头），中文音译为汇山码头。

淞沪抗战时期，仓库所在汇山码头作为侵华日军在沪军事据点之一。推测仓库储存货物与军用物品相关。

1943 年 8 月 5 日永兴地产股份有限公司收购扬子仓库，改名为永兴仓库。

1945 年抗战胜利后，码头曾为美国驻沪海军使用，后由海关接管拨交中国进出口公司经营，直至新中国成立后，才划归上海港务局装卸区，后归属上海港务局汇山装卸公司。

1946 年 4 月，美军入驻上海，永兴仓库被驻沪美军租用。

1960 年 3 月，公私合营永兴中心库收归国有，与国营安东路仓库合并，定名为国营商业储运公司永兴仓库。

1992 年副楼改造为酒店。

2007 年百联房产公司对其实施装修改造。

2020 年对其实施内外整体改造，其全面装修改造与空间升级，并对建筑内的机电设备、设施进行更新，以提升建筑整体的运营能级。

图 3-69 南立面外墙历史照片

图 3-70 外立面设计效果

3.1.20 北京京西宾馆

地址： 北京市海淀区羊坊店路 1 号
项目名称： 京西宾馆维护修缮工程

北京市文物保护单位
开竣工时间： 2011.11.1—2012.7.15

京西宾馆始建于 1959 年，苏式建筑风格，坐落在北京西长安街，与中华世纪坛、中央电视台、军事博物馆隔路相望。

京西宾馆隶属于中国人民解放军总参谋部，主要接待国家、军队高级领导，并设有国家主要领导人套房，是中央军委、国务院举行高规格大型重要会议的场所，有着中国“会场之冠”的美誉。

如今的京西宾馆为五星级配备，对外不参加评星，拥有客房 1023 套，标准间 955 间、套房 68 间，床位 1978 张，可容纳 1300 人礼堂 1 个，各类会议室 70 余个，大、中、小型餐厅 40 余个，可同时提供 2000 人就餐。

2011 年承建京西宾馆（图 3-71 ~ 图 3-74）维护修缮工程，包括：装饰拆除、翻新、改造、新建、原饰面及设备保护。

图 3-71　北京京西宾馆外立面

图3-72　电梯厅

图3-73　大餐厅

图3-74　大堂

3.1.21 北京钓鱼台国宾馆芳华苑

地址：北京市海淀区阜成路 2 号

项目名称：北京钓鱼台国宾馆 14# 楼芳华苑室内外修缮工程

北京市文物保护单位

开竣工时间：2013.6.20—2013.10.30

钓鱼台国宾馆坐落在北京市西郊阜成门外古钓鱼台风景区，南北长约 1km，东西宽约 0.5km，总面积 420 000m^2。钓鱼台国宾馆有十几栋楼房，楼房从钓鱼台东门北边，按逆时针方向依次编号，钓鱼台国宾馆环境幽雅清宁，楼台亭阁间碧水红花、林木石桥，是中国古典建筑情趣与现代建筑格调的完美融合。北京钓鱼台可以上溯到 800 年前的金代，当时这里位于京城的西北，名为鱼藻池，水域面积很大，玉渊潭和钓鱼台没有间隔，是金、元皇帝每年游幸之地。金章宗皇帝喜在此处垂钓，因而得名“钓鱼台”。芳华苑（图 3-75 ~ 图 3-84）位于北京钓鱼台国宾馆东南部是继上海建工装饰集团多年前精心打造芳菲苑后的钓鱼台国宾馆“续章”，所见之处无不闪烁着京剧般的“国粹”。

图 3-75　芳华苑入口

图 3-76　芳华苑宴会厅

图 3-77　公共区域

图 3-78　会议室

图 3-79　大厅

图 3-80　客房

图 3-81　芳华苑主楼梯

图 3-82　芳华苑大堂彩绘

图 3-83　芳华苑大堂彩绘

图 3-84　芳华苑走道

3.1.22　中华职业教育社旧址

地址：上海市黄浦区雁荡路 80 号
项目名称：中华职业教育社旧址修缮工程

上海市文物保护单位
开竣工时间：2021.1—2021.7

中华职业教育社旧址位于雁荡路 80 号、雁荡路与南昌路交会口，始建于 1930 年。建筑共六层，一至五层为钢筋混凝土框架结构，1983 年在房屋西北区加建一层，1993 年在房屋东南区加建一层，加建部分均为砖混结构。原为中华职业教育社办公场所，修缮后除保持办公功能外，另增添展示、社员活动等功能。

2021 年对中华职业教育社旧址（图 3-85 ~ 图 3-88）进行了全面的保护性修缮及装饰工程，包括结构加固、功能调整、设备更新、外立面及室内装饰等。

图 3-85　中华职业教育社旧址外立面 1

图 3-86　中华职业教育社旧址外立面 2

图 3-87　中华职业教育社旧址入口

图 3-88　室内

3.1.23　原华俄道胜银行（现中国外汇交易中心）

地址：上海市黄浦区中山东一路15号
项目名称：中山东一路15号原华俄道胜银行（现中国外汇交易中心）维修保养工程

全国重点文物保护单位
上海市优秀历史建筑
开竣工时间：2022.1—2022.5

本项目位于中山东一路15号，建于1902年，建筑原名称：华俄道胜银行、华胜大楼、中央银行大楼，大楼由海因里希·贝克设计，上海项茂记营造厂承建。大楼占地面积1 460m^2，建筑面积约5 000m^2，高3层，新古典派文艺复兴时期风格。

2022年承建中山东一路15号原华俄道胜银行（现中国外汇交易中心）（图3-89～图3-92）维修保养工程，主要工作内容：有室内、屋面（汽楼）、平台屋面、出屋面墙面、女儿墙真石漆、外墙、一层西侧内墙的维修保养等。

图3-89　中山东一路15号入口

图 3-90　中山东一路 15 号外立面

图 3-91　中山东一路 15 号大堂

图 3-92　中山东一路 15 号室内

3.1.24　原汇丰银行大楼

地址：上海市黄浦区中山东一路 12 号
项目名称：汇丰银行大楼内中华厅修缮项目

全国重点文物保护单位
上海市优秀历史建筑
开竣工时间：2022.8—2022.10

本项目位于中山东一路 12 号，原系英商汇丰银行大楼，现为浦发银行总行办公楼。大楼初始设计方为公和洋行，由德罗 · 考尔洋行承建。采用新古典主义手法，体态雄伟，典雅庄重，自 1923 年自建成以来，被视为外滩乃至沪上最为耀眼的艺术瑰宝，成为海派文化的象征，为全国重点文物保护单位。

2021 年承建汇丰银行大楼（图 3-93 ~ 图 3-96）内中华厅修缮项目，修缮所涉中华厅区域，位于大楼一层西南角，净面积约 445m^2，厅内空间分为高、低两区，低区为石膏粉刷平顶，高区为满堂石膏板装饰吊顶，由梁饰段与平顶段组成。

图 3-93　原汇丰银行大楼外立面 1

图 3-94　原汇丰银行大楼外立面 2

图 3-95　原汇丰银行大楼外立面 3

图 3-96　原汇丰银行大楼室内中华厅吊顶

3.2　上海市优秀历史保护建筑经典案例

3.2.1　盐业银行

地址：上海市黄浦区北京东路 280 号
项目名称：盐业银行大楼室内外修缮项目

上海市优秀历史建筑
开竣工时间：2010.1—2010.5

盐业银行大楼位于北京东路 280 号，在江西中路与河南中路之间。

该大楼由英商通和洋行设计，华商协盛营造厂施工，建造于 1931 年。原建筑为 5 层，现浇钢筋混凝土框架结构，占地面积为 1 248m²，总建筑面积 6 607m²。1989 年黄浦区房管局又加建了 2 层，现建筑总层数为 7 层（局部 5 层或 6 层），建筑高度约 29.93m。大楼 1 层层高较高，南立面构图中轴对称，外观简洁、构图严整、立面装饰集中于底层沿街部位、立面中部和檐口，外立面具有简化的新古典主义风格。

2010 年承建盐业银行大楼室内修缮工程（图 3-97），对大楼进行外立面保护性修缮施工及相关配合、服务，整个工程由主楼、辅楼二部分组成，其中主楼修缮面积约 4 828m²，辅楼修缮面积约 908m²。北京东路 280 号盐业银行大楼外立面保护性修缮施工涉及的保护性修缮主要内容有：外墙面天然花岗石的清洗和修缮，外墙面水刷石、干黏石的清洗与修缮。

图 3-97　盐业银行大楼外立面

3.2.2 卜内门大楼

地址： 上海市黄浦区四川中路 133 号
项目名称： 四川中路 133 号室内外修缮项目

上海市优秀历史建筑
开竣工时间： 2020.3—2020.9

四川中路 133 号（图 3-98 ~ 图 3-101）原为卜内门公司中国总部大楼，外观呈现英国新古典主义仿欧洲文艺复兴风格。大楼坐西朝东呈正方形，主体为钢筋混凝土结构。

1921 年 7 月，从事洋碱生意的卜内门洋行中国总部购入四川路福州路路口南侧的一地块，由英国建筑师格雷姆 · 布朗和温格洛夫负责设计，1922 年底建成。大楼共 7 层，大门前有五级台阶，为四叶转门，走廊顶上有浮雕，电梯居中，前有扶手楼梯。1941 年太平洋战争爆发后由日军征用，战后卜内门恢复在华的营业。1949 年上海解放，卜内门因业务萎缩而撤离中国。1956 年 5 月，该大楼产业交由商业储运公司接管，更名为储运大楼。其后，上海新华书店发行所进驻该楼，并且上海新华书店总店也搬入此楼。之后，上海新华传媒股份有限公司于这里组建。1994 年该建筑入选第二批上海市优秀历史建筑。

2019 年承建的室内外修缮项目包括：建筑结构加固，优秀历史建筑外立面及内部重要保护部位修缮，建筑室内局部装修。

图 3-98　卜内门大楼

图 3-99　卜内门大楼

图 3-100　卜内门大厦室内

图 3-101　卜内门大厦室内

3.2.3 四明大楼

地址：上海市黄浦区北京东路 240 号
项目名称：四明大楼室内外修缮项目

上海市优秀历史建筑
开竣工时间：2021.3—2021.5

北京东路 240 号四明大楼原为四明银行总部，位于北京东路与江西中路十字交叉口的西北侧，由英商通和洋行设计。大楼分主楼与辅楼两部分，主楼建于 1921 年，辅楼建成时间不详，主楼 3 层，局部地下 1 层，辅楼 3 层。四明大楼是 1 幢 3 层木、砖、钢筋混凝土混合结构建筑。古典主义风格，局部带巴洛克风格装饰。

2021 年承建北京东路 240 号四明大楼（图 3-102）装修工程，修缮内容包括：东立面、南立面为主要保护立面，以清洗为主；大厅、楼梯、门窗套、天花线脚以及其他特色花饰为内部重点保护部位。

图 3-102 四明大楼外立面

3.2.4 东海大楼

地址：上海市黄浦区南京东路 353 号
项目名称：东海大楼室内外修缮项目

上海市优秀历史建筑
开竣工时间：2008.1—2008.5

东海大楼位于南京东路 353 号，大楼于 1931 年建造，于 1933 年竣工，属于装饰艺术派风格建筑，钢筋混凝土结构。东海大楼原名“慈淑大楼”，是英籍犹太人哈同的产业。慈淑大楼建成后，一直作为商用。新中国成立后，慈淑大楼改名为东海大楼。20 世纪五六十年代，大部分市级的商业单位都在楼里办公。改革开放后，为了让东海大楼发挥更大的效应，里面的单位纷纷迁出，有关部门对楼内的结构进行了改造，开发为商业楼宇，对外营业。2007 年东海大楼经过全面修缮施工后，这幢历经沧桑的大楼已改为时尚地标式的“353 广场”。

2008 年承建东海大楼（图 3-103、图 3-104）室内外修缮工程，修缮改造工程类型是大型综合性商场，其总建筑面积 40 270m^2，施工面为地下 1 层，地上 8 层。

图 3-103　东海大楼外立面

图 3-104　中庭

3.2.5　申达大楼

地址：上海市黄浦区四川中路 129 号
项目名称：申达大楼结构修缮与室内装修项目

上海市优秀历史建筑
开竣工时间：2010.4—2010.9

申达大楼（原中兴银行）坐落于四川中路 149 号，东邻四川中路，北邻福州路。建筑整体布局为前楼 6 层、后楼 5 层，沿街呈 L 形，砖木结构，局部钢筋混凝土框架结构。建筑内部结构形式复杂，有木结构、砖结构、混凝土框架结构以及混凝土框架砖墙结构等多种混合结构。后楼部分为 5 层砖木结构，内天井和楼梯间为砖砌体结构，其中楼梯间砖砌体还保留早期改建（1926 年）前的木梁；连接体部位其中内天井和底层为混凝土框架结构，其余楼层为木结构；过街楼为 6 层混凝土框架结构，部分采用木楼板。

2010 年承建四川中路 149 号申达大楼（图 3-105 ~ 图 3-109）装修工程，主要修缮技术涉及：①创新性的新型结构置换设计与施工技术。在上部楼层正常使用条件下，建筑内部用钢结构置换原木结构、砖墙结构。包括木结构置换技术、砖墙置换技术、承重柱拆除技术、承重砖墙加开上下连续大门洞技术；②重点保护外墙面，清水红砖墙的环保清洗与修缮技术；③在原来“严重损坏房”、结构条件差的状态下，在大楼底层成功建成较大型停车库技术。

图 3-105　申达大楼外立面

图 3-106 申达大楼入口

图 3-107 申达大楼入口公共走廊

图 3-108 室内

图 3-109 车库

3.2.6 普益大楼

地址：上海市黄浦区四川中路 110 号
项目名称：四川中路 110 号普益大楼室内外修缮项目

上海市优秀历史建筑
开竣工时间：2012.8—2013.5

普益大楼位于四川中路 110 号，元芳弄路口的东南侧。建筑西立面呈中心对称，以西方古典柱式为假想的范例，仿照柱式的各部比例来权衡设计。建筑物基座、栏杆、底层栏杆为天然花岗岩，每个栏杆之间均有四根塔什干式柱，左右各 1 根、中间 2 根，无论水平方向或垂直方向都为典型的三段式。

2012 年承建四川中路 110 号普益大楼（图 3-110 ~ 图 3-116）修缮工程，室外修缮工程包括：外墙清洗、外墙面修复及外立面钢窗修缮、落水管修复、水刷石檐口和栏杆窗套修复、门头整修、部分门洞及窗洞恢复、花岗石外墙整修等施工；室内修缮工程包括石膏造型天花、线脚、花饰、走廊地面水磨石、楼梯水磨石踏步、室内木门及门套、屋面和屋顶铸铁栏杆扶手。

图 3-110　普益大楼外立面

图 3-111　大堂

图 3-112　走道

图 3-113　室内会议室

图 3-114　普益大楼大堂

图 3-115　普益大楼电梯厅

图 3-116　普益大楼办公室

3.2.7 东湖宾馆

地址：上海市黄浦区淮海中路 110 号（东湖路 7 号）

项目名称：东湖宾馆 7 号楼修缮及室内装饰项目

上海市优秀历史建筑

开竣工时间：2012.5—2012.8

东湖宾馆七号楼位于淮海中路 110 号（东湖路 7 号），在东湖宾馆内院，与上海著名的淮海中路商业街毗邻。东湖宾馆 7 号楼是 1 幢法国文艺复兴式花园住宅。砖混结构，南立面中部为层叠柱式的长廊。两端略前出。在 2 层廊道有巴洛克式的两壁柱等装饰。东立面主入口为塔司干柱式门廊。墙角和檐部运用了文艺复兴时期的建筑符号。室内以古典式木装饰为主，线脚、纹饰繁多细腻。各房间门户相通，西面的餐厅里，设置了两个相对的壁炉，上方的卷涡木装饰花纹，带有巴洛克风格。

2012 年 5 月我司承建了东湖宾馆 7 号楼（图 3-117 ~ 图 3-125）东方财富俱乐部修缮及室内装饰工程，本次修缮工程的主要施工范围为室内 1 ~ 3 层。

图 3-117　东湖宾馆七号楼

图 3-118 门厅

图 3-119 二楼大堂

图 3-120 接待区

图 3-121 接待前厅

图 3-122　多功能厅

图 3-123　宴会厅

图 3-124　阳台

图 3-125　楼梯

3.2.8　爱马仕（上海）旗舰店

地址：上海市黄浦区淮海中路 217 号
项目名称：上海爱马仕旗舰店修缮工程

上海市优秀历史建筑
开竣工时间：2012.4—2012.5

上海爱马仕旗舰店项目位于上海市中心区淮海路嵩山路口，是建于 1912 年的法国文艺复兴风格的历史建筑。A1、A3 楼始建于 1912 年，A1 建筑平面呈“L”形，A3 建筑平面呈“H”形。A1 建筑高度为 14.315m、A3 建筑高度为 19.54m，这两栋建筑有着浓郁的欧洲风情，为法国古典主义风格建筑。建筑的结构形式为砖、木、混凝土混合结构，外立面采用清水红砖墙，坡屋顶带老虎窗，而墙面还雕有花饰，中间顶部作山墙造型。房屋建成至今

已有近 100 年历史。整体建筑古朴大气，具有历史文化底蕴和其特有的艺术价值。

2012 年承建上海爱马仕旗舰店（图 3-126）修缮工程，本次施工范围主要涉及外墙、屋顶、外门窗、外墙防潮层、外廊吊顶、阳台及外廊铁栏杆等修缮内容。

图 3-126　爱马仕旗舰店外立面

3.2.9　虹口大楼

地址：上海市虹口区海宁路 449 号
项目名称：虹口大楼室内外修缮项目

上海市优秀历史建筑
开竣工时间：2013.3—2014.11

虹口大楼于 1929 年建成竣工，原名虹口大旅社，位于上海市虹口区海宁路 449 号，为 1 幢 7 层的混凝土梁柱结构、现代设计风格房屋。虹口大楼的墙面分别用深褐色机制砖和白色仿石砌面，色彩搭配明暗清晰。大楼 3 ~ 5 层的部分窗外设外挑式阳台，装饰新艺术运动风格的铁质护栏。从外部看去，大楼褐白相间的外墙线条清晰，墙面浮雕和外挑式阳台依旧保留着当年的风韵。整体造型别具一格，令人印象深刻。

2013 年、2017 年和 2018 年对虹口大楼（图 3-127 ~ 图 3-129）进行过多次保护性修缮，工程重点保护修缮范围涉及正入口门厅、楼梯间（木质扶手、铁艺栏杆、地面水磨石、墙面墙裙、楼梯台阶、天花线脚）地坪以及其他原有特色装饰等。

图 3-127　凉亭

图 3-128　挑檐

图 3-129　外立面

3.2.10　中国银行大楼

地址： 上海市黄浦区汉口路 50 号
项目名称： 汉口路 50 号大楼室内外修缮项目

上海市优秀历史建筑
开竣工时间： 2014.3—2017.8

汉口路 50 号大楼建于 1908 年，地处四川中路汉口路转角处。房屋平面形式基本呈矩形，建筑风格为典型的西式古典建筑，建筑立面构图严谨，纵向三段式划分明确，装饰集中于入口和转角部位，转角及南立面塔楼具有明显的场所标志作用，建筑物尽显欧洲古典主义的雅致和浓重。

2014 年承建汉口路 50 号大楼（图 3-130 ~ 图 3-133）修缮改造项目，本次施工范围为室内墙、顶、地、隔墙、洁具安装、灯具开关面板的末端安装、门窗套精装修施工及室内重点保护部位的修缮及保护。

图 3-130　外立面

图 3-131 木楼梯

图 3-132 会议室

图 3-133 公共区域

3.2.11　西童女校

地址： 上海市虹口区塘沽路 390 号
项目名称： 西童女校室外修缮项目

上海市优秀历史建筑
开竣工时间： 2015.7—2015.10

西童女校位于塘沽路 390 号，是汉璧礼捐赠 4 000 两创办的公共学校之一，也是塘沽路上仅存的保护完好的 19 世纪建筑。其建筑面积 864m^2，砖木结构单层，对称排列，坐北朝南，典型外廊式建筑，具有英国安妮女王时期的建筑风格特征。建筑外立面为连续券柱式外廊，有圆券及扁圆券两种，

柱子下大上小，中部鼓出，门廊上方嵌有 1893—1894 字样，中部三角形山墙，后有凸出“人”字形老虎窗，红瓦屋顶，青砖墙体有精美砖雕、木门窗、楣饰红砖砌扁圆券饰等。细部装饰精美，整体风格鲜明，具有独特的艺术魅力。2015 年我司承建了西童女校（图 3-134）的整体外立面修缮工程。

图 3-134　西童女校外立面

3.2.12　联安坊花园住宅

地址：上海市长宁区愚园路 1352 弄
项目名称：联安坊花园住宅室内外修缮项目

上海市优秀历史建筑
开竣工时间：2017.8—2017.12

愚园路 1352 弄（图 3-135 ~ 图 3-138）现为长宁区金融园，原联安坊建于 1926 年，是独立型的花园住宅（原门牌号为 10、11、20、21 号），前后各 2 幢，分列弄道两侧。前排（今 5 号、6 号楼）每幢建筑面积为 288m^2，后排（7、8 号楼）每幢建筑面积为 396m^2，总建筑面积 1 428m^2 左右，均为坡瓦屋顶、清水墙面假 4 层楼房，除正门以外并有侧门。房屋结构坚固，室内开间宽敞，柳安木门窗、地板，镂花护壁，彩瓷贴面壁炉，大小卫生设备俱全，楼前辟有庭院，弄底则砌有花坛，花木山石点缀其间。我司于 2017 年承建了其室内外修缮与装饰工程。

图 3-135　联安坊入口处

图 3-136　宴会厅

图 3-137　楼梯修复后

图 3-138　室内木门窗

3.2.13　中央商场、美伦大楼

地址： 上海市黄浦区南京东路 179 号
项目名称： 中央商场 1F~5F、美伦大楼室内修缮与装修项目

上海市优秀历史建筑
开竣工时间： 2017.3—2017.11

南京东路 179 号街坊处于南京东路步行街和外滩风貌区两大商业旅游中心之间的核心位置及过渡地段，属于外滩历史文化风貌保护区范围，与浦东陆家嘴国际金融贸易区遥相呼应。改造设计秉承爱德华新古典主义风格的荣耀复兴理念，对花亭和拱廊、铺地、屋顶露台进行设计，采取与城市深度连接，激活周边，整体升级的策略，打造复合、开放的商办文化生活街区。

2017 年承建南京东路 179 号街坊成片保护改建工程中央商场和美伦大楼公共区域精装修及林肯爵士乐演艺中心精装修专业分包工程，本次装修范围主要包括：中央商场 1F ~ 5F，美伦大楼 1F ~ 6F 室内商场公共区域精装修及后勤服务区的精装修，美伦大楼 4F 局部林肯爵士乐演艺中心室内装修（图 3-139 ~ 图 3-141）。

图 3-139　中央商场外立面

图 3-140　中央商场中庭

图 3-141　美伦大楼中庭

3.2.14 南京大楼华为旗舰店

地址：上海市黄浦区南京东路 233 ~ 257 号
项目名称：华为旗舰店室内外修缮与装修项目

上海市优秀历史建筑
开竣工时间：2020.1—2020.7

南京大楼位于南京东路 233 ~ 257 号，建于 1935 年，建筑高度 39.135m，建筑面积约 15 300m^2，是上海市第五批优秀历史建筑，保护类别二类。该大楼曾因上海著名品牌“老介福”而被称作“老介福商厦”。

南京大楼（图 3-142 ~ 图 3-150）设计时为现代主义建筑风格，大楼外立面采用了简单统一的玻璃矩形窗、富有立体感的转角立面及平屋顶。但在 1993 年改造时将转角立面改造为罗马柱及大面积的玻璃幕墙及刀旗、广告牌等。后又经历数次改造，其立面及内部与原大楼相比已发生较多的变化。目前大楼外立面基本保持了原大楼的基本形态，本次施工主要范围为大楼一至三层的所有室内装饰，包含机电安装，外立面主要为立面修缮、广告更换、泛光照明等。

图 3-142 华为旗舰店外立面

图 3-143　一层中庭大楼梯

图 3-144　一层中庭区域

图 3-145　二层智能周边销售区

图 3-146　三层影音室

图 3-147　三层智能家居体验区

图 3-148　三层政企接待室

图 3-149　三层卫生间

图 3-150　三层展览展示区

3.2.15　光三仓库

地址：上海市静安区光复路 127 号
项目名称：光三仓库室内外修缮与装修项目

上海市优秀历史建筑
开竣工时间：2019.11.26—2020.4.23

苏州河发源于太湖，曾经是上海通往江苏南部的主要水上交通线和上海市区重要航道，苏州河沿岸的优秀建筑不计其数，有英国领事馆、礼查饭店、百老汇大厦、文汇博物院、新天安堂、光陆大戏院等。

光复路 127 号（图 3-151 ~ 图 3-157）便是这众多历史建筑中的一座。它原是“福康福源钱庄联合仓库”，后作为金城银行、中南银行、大陆银行及盐业银行的联合仓库，现为四行仓库“光三分库”，它的东侧隔着晋元路就是著名的四行仓库。

图 3-151　光三仓库全景

图 3-152　光三仓库夜景

图 3-153　仓库室内

图 3-154　楼梯间

图 3-155　仓库立面

图 3-156　室外露台

图 3-157　室外立面

3.2.16 上海展览中心

地址：上海市静安区延安中路 1000 号
项目名称：延安中路 1000 号上海展览中心外立面修缮工程

上海市优秀历史建筑
开竣工时间：2020.9—2022.9

上海展览中心原名中苏友好大厦，始建于 1955 年，1968 年改名为上海展览馆，1984 年又改名为上海展览中心。上海展览中心位于上海市静安区延安中路 1000 号，占地面积约为 90 000m^2。整个建筑群呈俄罗斯古典主义建筑风格，对称布局，局部装饰糅合了巴洛克艺术特色。结构形式为钢筋混凝土框架，外墙饰面为米黄色水刷石，序馆共 14 层，顶部冠以鎏金钢塔，塔顶装饰红五角星，建筑连塔总高 110.4m，建成初期是全建筑的制高点。

2020 年承建上海展览中心（图 3-158）外立面修缮工程，工程范围包括序馆钢塔结构除锈和金饰面保护性修缮、水刷石墙面（裂缝、空鼓、色差、脱落）修缮施工、外门窗修缮施工、室外立柱修缮、艺术花饰修缮、局部屋面渗漏修补、伸缩缝和沉降缝修缮施工、排水管修缮施工、落水口修缮施工。

图 3-158 上海展览中心室外全景

3.2.17 虹桥老宅

地址：上海市长宁区迎宾三路 298 号
项目名称：迎宾三路 298 号历史建筑修缮项目

上海市优秀历史建筑
开竣工时间：2020.12—2021.6

迎宾三路 298 号（图 3-159 ~ 图 3-163）始建于 1923—1924 年，原为花园住宅，1950 年后，成为虹桥机场的一部分，最初隶属华东军区，由空军部队管辖；1972 年起，归军委民航上海管理局使用，曾作为电讯设备修造所、退休职工活动室等。迎宾三路 298 号的东楼为凹字形平面的单层住宅，坐落在近 1m 高的基台上。青砖砌筑的墙体，白色抹灰与清水青砖线脚装饰相结合。上覆中式歇山屋顶，四角起翘，形态多样，灰塑等装饰丰富多样。屋顶构造为西式的木屋架，采用中式的木椽、望砖，上盖传统小青瓦。屋脊分段设如意云纹雕饰、瓦砌镂空装饰及宝瓶镂空装饰，正脊中央有 1990 年代修复时补塑的“福禄寿”三星等雕饰，两端设龙吻，屋脊和垂脊上的人物灰塑，据推断为《水浒传》中“三十六天罡”。屋顶上 6 座砖砌西式烟囱同样采用歇山式顶盖。朝西屋面上有一处老虎窗，西式构造，平开式玻璃窗。西楼为二层小楼，总体造型现代、简洁，几乎没有任何符号装饰。清水青砖外墙；西式矩形木门窗，门窗洞口设钢筋混凝土过梁及平缓的弧形砖券，混凝土窗台及与门窗过梁结合的小雨棚；双坡悬山屋顶出檐深远，上盖小青瓦和传统回纹脊，坡屋面及封檐板平直素洁，给人留下简洁有力的印象；顶部设西式砖砌烟囱。

2020 年 12 月全面启动老宅的修缮与复原工作，包括：还原建筑室内外历史风貌和特色、恢复庭院景观、增加必要的设备设施等。

图 3-159 外立面日景

图 3-160　室内

图 3-161　北侧庭院

图 3-162　东宅外立面夜景

图 3-163　西宅外立面夜景

3.2.18　衡山宾馆

地址：上海市徐汇区衡山路 534 号
项目名称：衡山宾馆大修和改造工程

上海市优秀历史建筑
开竣工时间：2021.12—2023.2

衡山宾馆位于上海市徐汇区衡山路 534 号，原名毕卡第公寓，设计建造于 1934 年，其风格为 ART-DECO（艺术装饰派）风格。它直冲道口、中轴对称、中央高耸、剪影般跌落的庞大体量、简洁的风格、精美的细部，一直是上海西区最高、最具地标性和代表性的装饰艺术派风格的顶级高层公寓。

2021 年承建衡山宾馆（图 3-164 ~ 图 3-167）大修和改造工程，项目为综合类修缮改造工程，涵盖拆除工程、结构加固和加层、能源中心改造、历保修缮、外立面改造、机电消防系统更新、装饰装修、室外总体等专业工程。

图 3-164　衡山宾馆外立面

图 3-165　衡山宾馆南立面

图 3-166　衡山宾馆大堂

图 3-167　衡山宾馆入口

3.2.19 怡和纱厂

地址：上海市杨浦区杨树浦路 670 号
项目名称：杨树浦路 670 号优秀历史建筑装修（修缮）工程

上海市优秀历史建筑
开竣工时间：2022.11—2023.11

杨树浦路 670 号原为英商怡和纱厂旧址，开办于 1896 年，基地内有 6 处挂牌的“优秀历史建筑”。1999 年 9 月 23 日被公布为上海市第三批优秀历史建筑；2004 年 2 月 25 日被公布为上海市杨浦区登记不可移动文物。2021 年 5 月 6 日，老怡和纱厂门前被公布为革命遗址——恽代英烈士被捕处。杨浦滨江位于黄浦江岸线东端，被称为上海滨水“东大门”，全长 15.5km，其滨江岸线是黄浦江沿岸五个区中最长的。杨树浦路 670 号位于滨江历史产业建筑群落，地块面积 48 768m^2。杨浦滨江岸线主要分为南、中、北三段，南段从秦皇岛路到定海路，中段从定海路至翔殷路，北段从翔殷路至闸北电厂。

2022 年承建杨树浦路 670 号（图 3-168 ~ 图 3-173）优秀历史建筑装修（修缮）工程，本次修缮包括（但不限于）建筑修缮、给排水、暖通、强弱电、消防、室外总体（包括景观绿化、道路、景观照明、室外管线等）等。

图 3-168　1# 厂房外立面

图 3-169　2# 废纺（坊）车间外立面

图 3-170　3# 仓库外立面

图 3-171　4# 空压站室外

图 3-172　5# 大仓库外立面

图 3-173　6# 英老板住宅外立面

3.2.20 淮海中路 796 号双子别墅

地址：上海市黄浦区淮海中路 796 号
项目名称：淮海中路 796 号优秀历史建筑修缮工程

上海市优秀历史建筑
开竣工时间：2022.8—2023.10

淮海中路 796 号原为花园住宅。东幢建于 1921 年、西幢建于 1927 年。大楼占地面积约为 720m²，建筑面积共约 2 123.68m²，两幢主立面并立，之间有廊连接。砖混结构，简化的新古典主义风格，东西两幢三层立面均为塔斯干柱连续敞廊。长方窗、白色窗套，窗下有几何线脚装饰。大量使用装饰玻璃，淡色墙面都采用塔斯干柱式、构图严整，整体感强。

2022 年承建淮海中路 796 号（图 3-174 ~ 图 3-176）优秀历史建筑修缮工程，主要施工内容为建筑外立面及内部重要保护部位修缮，建筑室内装修，结构修缮，机电安装工程和外部环境整治。

图 3-174　淮海中路 796 号室外全景

图 3-175　淮海中路 796 号外立面

图 3-176　淮海中路 796 号室内

3.3 其他历史建筑改造经典案例

3.3.1 长三角路演中心

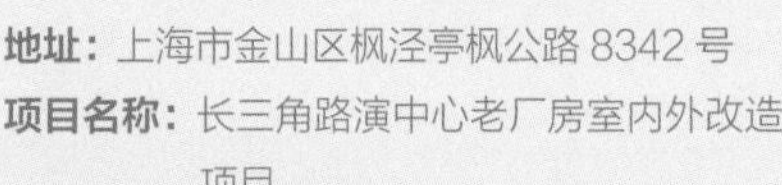

地址：上海市金山区枫泾亭枫公路 8342 号
项目名称：长三角路演中心老厂房室内外改造项目

开竣工时间：2018.11—2019.4

一个从老厂房到新中心涅槃重生的过程，一种从斑驳尘土到修旧如旧萌发的生态，枫泾七印厂的旧厂房终于迎来了新生命。上海市建筑装饰工程集团有限公司作为该项目的装饰总承包，为这一新力作添上了浓墨重彩的一笔。

长三角路演中心（图 3-177 ~ 图 3-185）内部由四大功能区——路演中心区、双创服务区、资讯信息区、商务配套区组成。其中，路演中心区（Roadshow Center）为各类路演活动提供专业场地和专业服务；双创服务区为创客群体提供办公场所和精准服务；资讯信息区提供长三角区域全方位的资讯服务；商务配套区提供专业的商务服务。

技术亮点：建筑外立面镂空红砖安装工艺、剧场精装修综合技术、大型演艺中心的设计标准与项目规划、路演中心整体设计与定位、大型演艺中心设计标准及施工综合技术、大面积水磨石及自流平施工质量把控技术。

图 3-177 长三角路演中心

图 3-178　长三角路演中心

图 3-179　室内

图 3-180　大堂顶面

图 3-181　长三角路演中心

图 3-182　长三角路演中心接待室

图 3-183　长三角路演中心接待室

图 3-184　长三角路演中心酒吧

图 3-185　长三角路演中心酒吧

3.3.2　上海船厂

地址：上海市浦东新区滨江大道 1777 号
项目名称：上海船厂 1862 改造项目

开竣工时间：2018.3—2018.7

上海船厂项目位于上海城市新地标——陆家嘴滨江金融城。未来陆家嘴滨江金融城将围绕三大主题——“永不间断的展览”“永不退潮的时尚”“永不落幕的舞台”，用两年的时间打造一个全新的极具时尚特征的城市公共艺术空间。“船厂 1862”老厂房剧院，由建筑师隈研吾、艺术家米丘和作曲家、指挥家谭盾三位大师协作建筑设计与艺术策划，将昔日老船厂改造成占地 260 000m^2 的时尚艺术中心，作为陆家嘴滨江金融城五大核心业态之一。

旧址上被开发建设成陆家嘴滨江金融城最靠近黄浦江的老厂房被保留了下来。船厂 1862（图 3-186 ~ 图 3-193），祥生船厂旧址这座 155 岁老船厂被保留下来进行二次改造，华丽变身为“船厂 1862”。

此次改造项目 2018 年正式开始，重点对以下技术开展了研究：功能改造与结构拆除、改造技术（场容场貌、安全、垃圾清运等绿色环保措施）；结构加固主要原则；外立面改造技术；室内装饰技术。

图 3-186　上海船厂外景

图 3-187　公共区域

图 3-188　公共区域

图 3-189　等待区

图 3-190　营销前台

图 3-191　铝百叶造型

图 3-192　剧院舞台

图 3-193　剧院大厅

3.3.3 上海国家会展中心

地址：上海市青浦区崧泽大道 333 号

项目名称：上海国家会展中心场馆室内功能提升项目

开竣工时间：2018.3—2018.9

上海国家会展中心位于上海虹桥商务区核心区，与虹桥交通枢纽的直线距离仅 1.5km，通过地铁与虹桥高铁站、虹桥机场紧密相连。周边高速公路网络四通八达，2 小时内可到达长三角各重要城市。此次提升工程主要对原西厅及 4.2 场馆进行改建，改建后包含迎宾厅、会议大厅、中外方休息室、平行论坛等功能，满足中国国际进口博览会的召开要求。

首届中国国际进口博览会在 2018 年 11 月 5 日至 10 日于上海国家会展中心（图 3-194 ~ 图 3-202）顺利召开，上海建工集团股份有限公司承担了此次的主要功能提升工程。作为子集团，我司主要负责国家会议中心主会场及 4.2 平行论坛的整个场馆提升工作。

技术亮点：大跨度整体吊顶装配施工、整体大尺寸装配饰面；可移动隔墙体系、机器人手臂应用。

图 3-194　迎宾厅

图 3-195　大会议厅

图 3-199　平行论坛

图 3-196　圆厅

图 3-197　接待区

图 3-198　门厅

图 3-200　走道

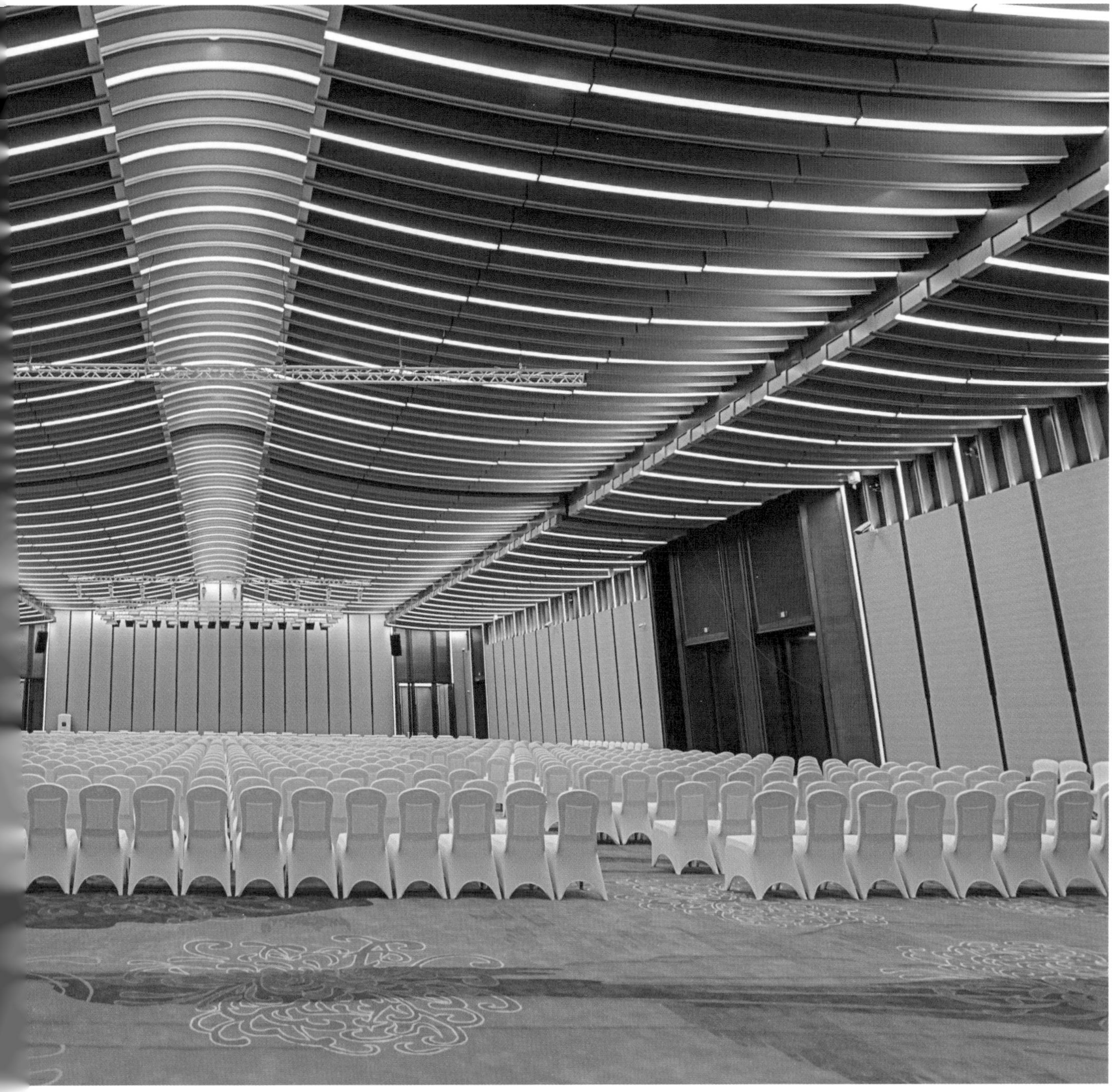

图 3-201　外部走道

图 3-202　室内

3.3.4　虹桥机场 T1 航站楼

地址：上海市闵行区虹桥路 2550 号

项目名称：上海虹桥机场 T1 航站楼装饰改造项目

开竣工时间：2014.12—2018.8

虹桥 T1 航站楼（图 3-203 ~ 图 3-210）是集国内旅客、国际旅客为一体，包含出发、到达、中转等各类旅客功能的综合航站楼。其中，航站楼地上 4 层、地下 1 层，总高度 24m，建筑面积 131 845m^2。航站楼东西方向长 335m，南北方向长 411m，呈 L 形布局。交通中心地上 1 层、地下 2 层，高度 6.7m，建筑面积 71 901m^2。交通中心东西方向长 272m，南北长 186m。T1 航站楼改造设计风格是内敛的、中性的、方正的，与西侧的虹桥枢纽建筑风格遥相呼应。

技术亮点：不停航室内装饰改造技术、大面积造型铝格栅技术。

图 3-203　虹桥机场 T1 航站楼

图 3-204 贵宾室 1

图 3-205 贵宾室 2

图 3-206　候机室

图 3-207　儿童区

图 3-208　候机室

图 3-209　公共区

图 3-210　虹桥机场 T1 航站楼登机厅

3.3.5 虹桥郁锦香宾馆

地址：上海市长宁区延安西路 2000 号

项目名称：虹桥郁锦香宾馆室内外改造项目

开竣工时间：2017.3—2018.8

上海虹桥郁锦香宾馆（图 3-211 ~ 图 3-220）2018 年全新进行室内外更新改造，并正式更名为虹桥郁锦香宾馆。位于长宁区延安西路 2000 号虹桥开发区，毗邻国际贸易中心和世贸商城，紧邻内环和延安路高架及其他交通主干道。虹桥郁锦香宾馆是集生活、工作、旅行为一体并富于当地文化理念的综合酒店。酒店 30 层，拥有客房 600 余间。

技术亮点：不停业运营下的综合改造、整体干挂石材技术。

图 3-211　虹桥郁锦香宾馆正立面

图 3-212　大堂

图 3-213　餐厅

图 3-214　一楼大堂

图 3-215　大堂走廊

图 3-218　宴会厅

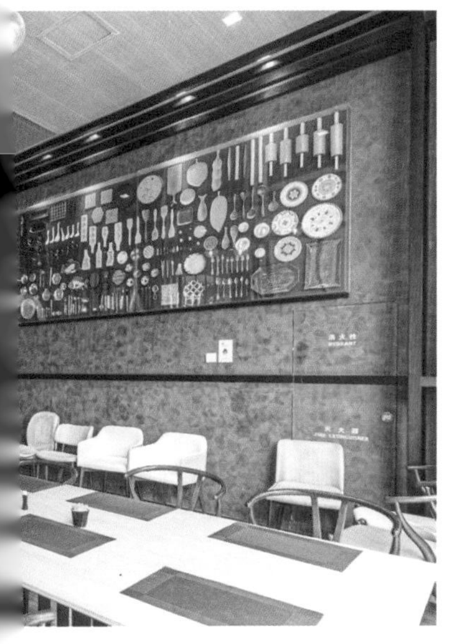

图 3-216　自助餐厅

图 3-219　自助餐厅

图 3-217　标房

图 3-220　套房

3.3.6　第一八佰伴商厦

地址：上海市浦东陆家嘴张杨路 501 号

项目名称：第一八佰伴商厦外立面改造项目

开竣工时间：2016.4—2016.10

第一八佰伴（图 3-221 ~ 图 3-229），承载了一代人上海记忆里的星光。她是国务院批准的中国第一家中外合资商业零售企业，是上海改革开放的象征，曾享有亚洲第一百货的美誉。1995 年正式开业时，创下了一天 107 万人次客流的吉尼斯世界纪录。

我司承接了外立面改造工程，经过 6 个月的外立面、广场、内部装饰的改造，实现了结构优化、功能拓展、业态调整、体验升级等全方位蜕变。第一八佰伴是对城市更新的致意，时代记忆的流动及延续，潮流理念的糅合及延伸，共同铺展了上海这座城市更新的画卷。

技术亮点：城中心商业大厦不停业室内外改造技术。

图 3-221　外立面

图 3-222 内庭

图 3-223 公共区域

图 3-224 广场

图 3-225　中庭

图 3-226　中庭

图 3-228　走道

图 3-227　商场室内

图 3-229　通道

3.3.7 上海市民主党派大厦

地址：上海市静安区陕西北路 128 号

项目名称：上海市民主党派大厦室内外改造项目

开竣工时间：2016.5—2016.10

建成于 1996 年的上海市民主党派大厦（图 3-230 ~ 图 3-237），地处市中心闹中取静的陕西南路威海路路口，是一幢框架混合结构的办公大楼。作为统战系统的标志性建筑，通过高标准、高质量、高效率的大修改造，将为上海统战工作新发展提供更好的平台。

2016 年 5 月，上海建工装饰集团担当起大厦主楼和裙楼改造的装饰总承包角色，力求以创新的工艺和极致的塑造，提升其使用功能和舒适程度。更新改造立足于空间美感与实际需求的结合，首先从样板房改造入手，展现了大气、简洁、现代的独特风格。

技术亮点：既有建筑室内大修改造施工技术（拆除作业、管线布置、防水处理、地面铺设、隔断封板、天花和灯具安）；外立面门头改造及外墙改造施工技术。

图 3-230　上海民主党派大厦外立面

图 3-231　露台

图 3-232　空中花园

图 3-233　走道

图 3-234　大堂

图 3-235　空中花园

图 3-236　会议室

图 3-237　八角灯顶

3.3.8 十六铺轮渡

地址：上海市黄浦区中山东二路 531 号
项目名称：东门路复兴东路轮渡站改造工程

开竣工时间：2017.10—2017.12

复兴东路东门路轮渡站（图 3-238 ~ 图 3-243）位于黄浦江西岸，由负责通往东昌路渡口的东门路轮渡站和通往杨家渡渡口的复兴东路轮渡站组成。是整个十六铺沿岸改造工程中的一个断点连接工程，其对于整个外滩沿岸的改造工程全线贯通有着重要的意义。

图 3-238 亲水平台

图 3-239 外立面

图 3-240　十六铺轮渡室外立面

图 3-241　亲水平台

图 3-242　候船室

图 3-243　室外全景图

3.3.9 四川瓦屋山居酒店

地址：四川省眉山市洪雅县瓦屋山景区

项目名称：四川瓦屋山酒店设计、施工一体化改造工程

开竣工时间：2016.11—2017.6

四川瓦屋山国家森林公园位于四川盆地西沿的眉山市洪雅县境内，距成都 180km，距乐山 100km。瓦屋山最高海拔 2 830m，被《中国国家地理》授予“最美桌山”。

郁郁葱葱，群山环抱，这座酷似世外桃源的瓦屋山居（图 3-244 ~ 图 3-252）从设计施工，到竣工验收，历时 210 天，施工面积约 15 000m^2。酒店区域林立多幢建筑单体，分为餐饮中心、客房中心、会议中心、VIP 贵宾楼及设备房。游客中心区域由后勤办公区、售票区、休闲及检票区等建筑组成。崭新的设计理念和改造方案，为绿水青山增添了适宜的人文气息。2016 年承建四川瓦屋山酒店设计、室内装饰一体化改造工程。

图 3-244　全景图

图 3-245　大堂

图 3-246　餐厅

图 3-247　前台

图 3-249　客房

图 3-250　客厅

图 3-251　客厅

图 3-248　酒店室外

图 3-252　卫生间

3.3.10　上汽荣威智能广场

地址：上海市黄浦区马当路 347 号

项目名称：上汽荣威智能广场 EPC 总承包项目

开竣工时间：2018.7—2018.11

上汽荣威智能广场位于上海老城区马当路与合肥路交界处，紧邻复兴 SOHO 广场，前有 K11 购物艺术中心、新天地南北里时尚广场，后有新开业的 LUONE 凯德晶萃广场、中海国际中心等高端商业体，通过地铁 10、13 号线直接串联全市各大商圈。

上汽荣威智能广场（图 3-253 ~ 图 3-259）占地 4 800m^2，建筑面积 4 800m^2，展厅面积 2 000m^2。马当路虽然长不足 2 000m，但汇聚了形形色色的时尚潮流人群，收拢了善于品鉴精品的独到眼光。新广场的落成为传播中国新能源汽车主流品牌开辟了新的天地。上汽荣威智能广场属于 1969 年竣工的上汽三电贝尔汽车空调机厂旧址，迄今已有半个世纪的历史。项目选址于此，一方面是看重黄金地块的人气优势；另一方面是因为此栋老建筑见证了上汽的发展历史。

作为上汽荣威智能广场 EPC 总承包单位，主要负责室内室外设计、内部结构改造、整栋建筑装饰、布展策划协调、广场总体施工等，涉及水电风、智能声光、消防等多个系统。

图 3-253　夜景

图 3-254　展厅

图 3-255　展厅室内

图 3-256　汽车展厅

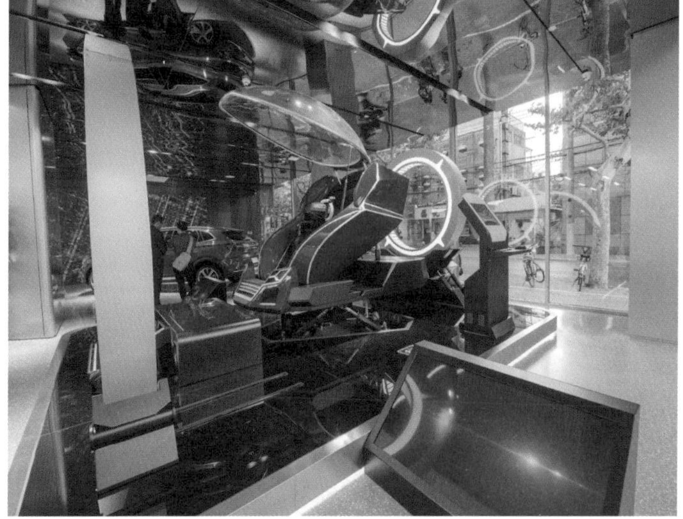

图 3-257　体验区

图 3-258　儿童区

图 3-259　服务台

3.3.11 贵州路 239 号丽都大戏院

地址： 上海市贵州路 239 号（历史风貌区）
项目名称： 贵州路 239 号 EPC 总承包外立面改造项目

开竣工时间： 2019.3—2019.7

现身处贵州路北京东路路口的亚龙五金商城在 1948 年的行号路图中正是原丽都大戏院旧址，与街道对角的金城大戏院遥相呼应。

再往前追溯亚龙五金所在位置最初为北京大戏院，初由怡怡公司何挺然投资兴建，范文照建筑师事务所设计；1926 年 11 月 19 日北京大戏院开幕，3 层钢筋混凝土建筑，占地 1 382m^2，观众厅 2 层，设座位 1 058 只；1935 年改名丽都大戏院，专映电影；1951 年开始改演戏剧，1966 年改名正红剧场；1972 年更名贵州剧场；1977 年大修后作为影剧两用场地，改称贵州影

剧场；1982 年因邻近工地打桩引起后台地面塌陷出现墙面裂迹，演出停止。1988 年改为商场。

2019 年，作为贵州路 239 号（图 3-260）外立面改造项目的 EPC 总承包单位，重新设计充分借鉴新古典主义英伦风格的上海租界建筑形式，对整体外立面进行了重新设计。项目建筑面积约 4 600m^2，外立面装修面积约 1 100m^2。地上 4 层，地下 1 层。

图 3-260　丽都大戏院外立面设计图

3.3.12　华夏宾馆

地址：上海市徐汇区漕宝路 38 号
项目名称：华夏宾馆室内外改造项目

开竣工时间：2020.2.10—2020.9.30

上海华夏宾馆（图 3-261 ~ 图 3-263）坐落于上海西南徐家汇商业中心附近、地铁 1 号线，轻轨明珠线漕宝路出口处，紧邻光大会展中心、毗邻漕河泾高科技电子开发区、上海八万人体育场。上海华夏宾馆主楼 29 层，拥有总统套房、豪华套房、公寓式套间级标准套间 390 余套，配有中央空调、亚洲 1 号、泛美 4 号、日本卫星送发系统。

2020 年我司承接了其室内主楼 1 ~ 29 层装饰及外墙改造。

图 3-261　外观夜景

图 3-262　大堂

图 3-263　服务台

3.3.13　新世界中心百货

地址： 湖北省武汉市硚口区解放大道 634 号
项目名称： 新世界中心百货改造项目装饰工程
开竣工时间： 2019.7—2020.12

新世界中心百货（图 3-264 ~ 图 3-269）改造项目装饰工程，位于武汉市中心位置，周边多为办公写字楼建筑，建筑设计造型为相互贴邻的主楼与附楼组成。

改造后的武汉新世界 K11 购物中心，装修大气，色调明快、设施讲究、品位颇高。定位“高端、奢华、时尚”，以艺术、零售、游乐园三者融合的功能定位，通过业态组合，糅合独具匠心的服务内容，为武汉人打造一个集生活升级、文化交流和亲子陪伴为一体的多维商业空间。

图 3-264　外立面

图 3-265　入口外景

图 3-266　中庭

图 3-267　主中庭

图 3-268　女士中庭

图 3-269　卫生间前室

3.3.14　世界会客厅

地址： 上海市虹口区北外滩街道北外滩路8号

项目名称： 北外滩贯通和综合改造提升工程一期精装修工程

开竣工时间： 2021.1—2021.5

北外滩贯通和综合改造提升工程，即世界会客厅（图 3-270 ~ 图 3-272），立足于北外滩独特的区位优势，坐拥远眺外滩和陆家嘴"一江两岸"独一无二的绝佳视野；并以黄浦江贯通工程为契机，实现扬子江码头的慢行贯通和亲水性公共活动空间；同时推进北外滩区域城市更新，打造国际级重大会议中心，以形成黄浦江沿岸新的城市地标。一期项目建设范围作为滨江贯通工程，南临黄浦江，东临虹口港，北临黄浦路。

本次改造的三栋建筑始建于 1902—1903 年，始建功能为三菱公司日本邮船株式会社库房，原为砖墙钢柱木梁混合结构。1945 年战后，日本邮船株式会社码头由南京国民政府行政院物资供应局接管，原三菱码头改名为"扬子江码头"；其中 3# 库为行政院物资供应局物资仓库，2# 库由国民政府海军接管后，提供给美国海军使用。1949 年上海解放后，根据相同系统接管的原则，扬子江码头及本次改造主要将原三栋仓库改造成为具有国际重大会议接待功能的世界会客厅，本项目为室内精装修工程，室内装饰总建筑面积为 51 070m^2，1 号楼 21 164m^2，功能楼层 4 层；2 号楼 14 773m^2，功能楼层 3 层；3 号楼 15 133m^2，功能楼层 3 层。

图 3-270　外立面

图 3-271　1# 楼入口门厅

图 3-272　3# 楼入口门厅

3.3.15　上海新锦江大酒店

地址： 上海市长乐路 161 号

项目名称： 上海新锦江大酒店旋转餐厅装修工程

开竣工时间： 2018.4—2020.7

本项目是 20 世纪 90 年代"远东第一旋转餐厅"（图 3-273 ~ 图 3-276）的更新改造项目。项目对机电设备、装饰风格、舒适体验各个方面都做了大幅升级改造，营造了一座"空中水晶宫"般梦幻的餐饮空间，开业后成为了沪上网红打卡新地标。作为本项目 EPC 总承包项目，把控好了设计，施工各个环节，精益求精，获得业主的认可。

图 3-273　外立面

图 3-274　包间

图 3-275　大厅

图 3-276　旋转楼梯

3.3.16　镇江科技馆

地址： 江苏省镇江市京口区解放路27号
项目名称： 镇江市财富广场综合体改造提升项目工程总承包（EPC）

开竣工时间： 2019.12—2020.10

财富广场商业区-1至7层，项目建筑整体面积约56 365m^2，其中-1层商业区，1层商业及科技体验区，3层科技体验区，3层妇女儿童活动体验区，4层商业融合区，5层商业，6层商业区，7层商业区。主体部分为1~6层，其中1层/2层层高4.8m，3/4/5/6层高4.5m。

镇江财富广场（图3-277~图3-280）将打造有别于传统综合体的新形态，根植地方特色的同时，通过对不同业态与创新基因的多元融合，用国际化的视野诠释现代生活，以“创意+科技”“创意+文化”“创意+商业”“创意+生活”等新业态为主导，兼容多项功能于一体，打造全方位的乐享模式和丰富体验。

图3-277　序厅

图 3-278　镇江故事

图 3-279　生命数据

图 3-280　魔法乐园

3.3.17　无锡火车站北广场原酒店大楼

地址：无锡市梁溪区兴昌北路 18 号

项目名称：火车站北广场综合交通枢纽 B2 地块原酒店大楼内改造项目酒店精装修

开竣工时间：2019.11—2020.12

火车站北广场综合交通枢纽 B2 地块原酒店大楼（图 3-281 ~ 图 3-284）内部改造项目酒店精装修施工标段工程，是由无无锡市交通产业集团有限公司投资开发，上海海直建设工程有限公司设计，上海市建筑装饰工程集团有限公司施工。该工程为一栋 22 层假日酒店，建筑面积为 50 745.96m^2，总造价 12 120 万元。

室内装饰包括：内墙涂料、木饰面、干挂大理石、墙纸、硬包及隔音墙，地面有地砖、大理石、地毯、水泥砂浆带防水，顶面石膏板吊顶、铝板吊顶。室内安装包括：给水、排水系统、卫生器具给排水管道、配件安装。室内机电包括：供电干线、电气动力、电气照明、防雷及接地安装。

图 3-281　外立面

图 3-282　酒店大堂

图 3-283　电梯厅

图 3-284　全日制餐厅

参考文献

[1] 吴燕. 全球城市目标下上海村庄规划编制的思考[J]. 城乡规划,2018,(1): 84-92.

[2] 郑时龄. 上海的建筑文化遗产保护及其反思[J]. 建筑遗产(研究聚焦),2016(1): 10-23.

[3] 葛岩. 上海城市更新的政策演进特征与创新探讨[J]. 上海城市规划,2017,(5): 23-28.

[4] 管娟,郭玖玖. 上海中心城区城市更新机制演进研究——以新天地、8号桥和田子坊为例[J]. 上海城市规划,2011(04): 53-59.

[5] 丁凡. 上海城市更新演变及新时期的文化转向[J]. 住宅科技,2018,(11): 1-9.

[6] Yang, Y.R. and C.H. Chang, An urban regeneration regime in China: A case study of urban redevelopment in Shanghai's Taipingqiao area[J]. Urban Studies, 2007. 44(9): 1809-1826.

[7] 伍江,王林. 上海城市历史文化遗产保护制度概述[J]. 时代建筑2006(2): 24-27.

[8] 王林. 有机生长的城市更新与风貌保护: 上海实践与创新思维[J]. 世界建筑,2016(4): 18-23+135.

[9] 张应静. 天津近代历史建筑再利用研究[D]. 重庆: 重庆大学,2012.

[10] 钱毅. 从殖民地外廊式到“厦门装饰风格”——鼓浪屿近代外廊建筑的演变 [J]. 建筑学报, 2011 (S1): 108-111.

[11] 刘婵婵. 杭州市历史建筑保护与营建技术研究 [D]. 浙江大学, 2020.

[12] 王尧. 我国城市气候适应行动经验及启示 [J]. 环境保护, 2020, (13): 29-33.

[13] 张燕. 清末及民国时期南京建筑艺术概述 [J]. 民国档案, 1999, (4): 95-104.

[14] 刘昕璐. 上海都市圈发展报告第四辑亮相 城市万象更新 聚焦市民需求 [N]. 青年报 .2023-6-14 (A06).

[15] 陈雪波, 卢志坤 . 北京城市更新走向成熟 [N]. 中国经营报 .2023-5-27.https: //baijiahao.baidu.com/s?id=1766986898004873406&wfr=spider&for=pc.

[16] 上海市文物保护工程行业协会. 蓝皮书: 上海市文物保护工程行业发展报告 2021 [R/OL]. (2021-12-12).

[17] 中指研究院. 2022 城市更新发展总结与展望 (政策篇) [EB/OL]. [2023-01-13] .https: //baijiahao.baidu.com/s?id=1754884699225789628&wfr=spider&for=pc.

[18] 张自达. 8 年政策沿革之路, 2022 城市更新“更上层楼” [EB/OL]. [2022-11-17] .http: //static.zhoudaosh.com/AA93FEB4D0747709525B1F9EEBBE0111BE50F12DF49D25A1AF38B545D9969BFC.

[19] 石榴智库. “中国式”城市更新的几个特点及其启示初探 [EB/OL]. [2022-11-28] .http: //mp.fxdjt.com/details?id=2c07eb1146f4e238445239c6bd3bcaae.

[20] 吴进辉. 我国城市更新发展特点及机遇 [EB/OL]. [2021-09-28] .https: //mp.weixin.qq.com/s/PfwgMd4oMzLZgi9N_WybPA.

[21] 旅游产业博览会. 阅读张园: 百年城市更新中的文商旅居目的地 [EB/OL]. [2022-12-09] .https: //zhuanlan.zhihu.com/p/590518495.

[22] 陈伟. 国土空间规划引领高质量城市更新——武汉城市更新探索与实践 [EB/OL]. [2022-12-09] .https: //mp.weixin.qq.com/s/JkSOAcCFuvQX3OHtE6lonw.

[23] 卜昌芬. 厦门市城市更新实践及探索 [EB/OL]. [2022-11-24] .https: //mp.weixin.qq.com/s/t7ylCdI_ajQ4ukXePq0YCQ.

[24] 黑龙江新闻网. 哈尔滨: 城建九大行动绘“蝶变”之图 [EB/OL]. [2023-04-14] .https: //baijiahao.baidu.com/s?id=1763141527977272324&wfr=spider&for=pc.

[25] 交汇点客户端. 南京出台新规, 让老城“做减法”更有效落地 [EB/OL]. [2023-02-23] .https: //baijiahao.baidu.com/s?id=1758607937191701783&wfr=spider&for=pc.

[26] 杭州市人民政府关于全面推进城市更新的实施意见 [EB/OL]. [2023-05-19] .https: //www.hangzhou.gov.cn/art/2023/5/19/art_1229063382_1831751.html.

附　录

Appendix

企业荣誉

集团致力于科技平台的建立与创新技术的开发，获得《历史保护建筑物破碎型多裂缝地坪石材的原物无痕修复方法》《历史建筑工艺品扫金修复工艺》《历史建筑木制品裂纹漆修复工艺》《历史建筑外墙清水砖、泰山砖的做旧结构》《历史建筑外墙水刷石粉刷墙面的做旧方法》《历史建筑外墙水泥砂浆或混合砂浆墙面的做旧方法》《一种历史建筑墙体临时加固用的吊装保护架》等近百项有关修缮技术的国家专利，大大地提高了在建筑结构改造、文物建筑和历史保护建筑修缮施工方面的安全性和文保类建筑保护性修缮的科技含量。

近年来，公司在历史建筑保护利用方面做了大量研究与总结，主编或参与的相关标准十余部，主要有：参编国家标准《历史建筑修缮技术标准》、主编省部级标准《建筑工程装饰抹灰技术标准》、参编行业标准《近现代文物建筑保养维护规范》、参编团体标准《清水墙保护修缮施工技术规程》、参编团体标准《避潮层保护修缮施工技术规程》等标准编制工作。

在结合项目应用的基础上，技术创新方面也开展了技术革新和改进研究，其《历史文物建筑修缮、加固、改造施工智能监测系统集成技术研究》《古建筑木结构件现状评估方法研究》《既有历史保护建筑健康状态诊断技术与示范》《木材防腐剂与防腐木材检测及分析方法的研究》《点云数据预处理在建筑装饰项目中的研究与应用》《区域既有建筑外墙安全灾害防治示范》《优秀历史建筑外墙饰面修缮工艺研究》《优秀历史建筑楼地面系统修缮技术研究》等百余项技术研究开发成果报告，改建修缮类相关成果先后获得联合国教科文组织“亚太文化遗产奖”，上海市“优质结构奖”“申通杯（机电安装）奖”“白玉兰（优质工程）奖”，上海市“科技进步奖”一、二、三等奖等各类奖项，如：“旧建筑结构改造中信息化监测和预警课题的研究成果”课题成果获得2008年“中国建筑装饰工程科技创新成果奖”，“施工仿真分析与检测技术在圣三一基督教堂修缮中的应用研究”课题成果获得2009年“中国建筑装饰工程科技创新成果奖”，“上海世界博览会永久场馆关键建造技术”课题成果获得2010年“上海市科技进步奖一等奖”，“在上部楼层正常运营下的历史建筑结构整体置换成套施工技术”课题成果获得2012年“上海市科技进步三等奖”，“既有建筑结构诊断和性能提升关键技术与示范”课题成果获得2013年“上海市科技进步二等奖”，“古民居建筑异地重建再生关键建造技术”课题成果获得2015年“上海市科技进步三等奖”，“既有建筑结构整体置换关键技术”课题成果获得2017年“上海市科技进步奖三等奖”，“大型公共建筑不间断运营改建关键技术”课题成果获得2018年“上海市科技进步二等奖”等。“第一百货商业中心”荣获2019年“全国建筑装饰行业科技示范工程奖”，“城中心近现代文物建筑保护性修缮与活化利用关键技术”课题成果获得2020年“全国建筑装饰行业科技创新成果奖”，“上海展览中心立面保护修缮数字化关键技术研究与应用”课题成果获得2022年“国家行业科学技术奖科技创新成果奖”等。

序号	奖项		项目
1	联合国教科文组织“亚太文化遗产奖”		
2	上海市科技进步奖	二等奖	既有建筑结构诊断和性能提升关键技术与示范
			大型公共建筑不间断运营改建关键技术
		三等奖	历史建筑保护性修缮与结构性能提升施工关键技术
			古民居建筑异地重建再生关键建造技术
			在上部楼层正常运营下的历史建筑结构整体置换成套施工技术
3	LEED 认证金奖、绿色二星认证		普益大楼
4	国家优质工程		上海船厂（浦东）区域 2E2-1 地决项目
5	2009 年	全国建筑装饰行业科技示范工程科技创新奖	东海大楼改建扩建
6	2009 年	全国建筑装饰行业科技创新成果奖	施工仿真分析与监测技术在圣三一基督教堂修缮中的应用研究
	2015 年		历史建筑门楼原样复制的信息技术应用
	2018 年		厕隔微控指示灯具
	2019 年		大面积造型铝格栅装饰墙面连接系统
	2020 年		中心城区复杂产权历史建筑综合修缮改造再生关键技术
	2020 年		优秀历史建筑外墙饰面修缮工艺研究
	2020 年		古民居异地再生关键技术
	2020 年		大型场馆室内可循环空间改造和功能升级全装配绿色施工技术研究
7	2012 年	全国建筑装饰行业科技示范工程奖	上海青年会宾馆装修改造
	2014 年		四川中路 110 号普益大楼
	2019 年		第一百货商业中心
8	中国国际建筑装饰及设计艺术博览会华鼎奖		长三角路演中心项目装修工程
9	上海市优秀发明选拔赛优秀发明金奖		在上部楼层正常运营下的历史建筑结构整体置换成套施工技术
			大型公共建筑的异型复杂饰面装配化绿色建造关键技术
10	白玉兰奖		汉口路 50 号大楼修缮改造项目
			上海虹桥国际机场 T1 航站楼 A 楼装饰工程
			上海虹桥国际机场 T1 航站楼 B 楼装饰改造
			上海船厂（浦东）区域 2E2-1.2E2-5 地块项目
			上海船厂（浦东）区域 2E3-1 地块项目
			国家会展中心场馆功能提升工程 - 国家会议中心（上海）
			国家会展中心场馆功能提升工程 - 平行论坛
			浦江镇 125-3 地块皇冠假日酒店
			第一百货商业中心项目 A 楼
			第一百货商业中心项目 B 楼
			迎宾三路 298 号历史建筑修缮项目（承建）
			北外滩贯通和综合改造提升工程一期项目

（续表）

序号	奖项	项目
10	白玉兰奖	中共一大会址 901 工作点修缮工程 衡山宾馆大修和改造工程
11	上海市科技创新成果奖	历史建筑门楼原样复制的信息技术应用、上海市政机会办公楼
12	上海市科技示范工程奖	上海青年会宾馆装修改造工程、四川中路 110 号普益大楼
13	上海市建筑装饰金奖	上海青年会宾馆装修改造工程
14	上海市历史建筑装饰修缮工程奖	外滩东风饭店修缮工程
15	上海市优秀历史建筑保护修缮工程示范项目	海宁路 449 号虹口大楼、塘沽路 390 号（原西童女校）
16	上海市高新技术成果转化项目	木结构历史建筑新型信息化结构修缮技术服务 历史建筑墙体整体再生修缮技术关键施工技术服务 区域既有建筑外墙安全灾害防治
17	优秀历史建筑保护修缮立功竞赛	2019 年度优秀历史建筑保护修缮立功竞赛二等奖
18	上海市建筑遗产保护利用示范项目	原大新公司修缮改造工程 2020 年原大新公司修缮改造工程 2022 年虹桥老宅（迎宾三路 298 号）修缮工程 2022 年基于数字化的建筑遗产外立面精细修缮关键技术研究与集成应用

企业自有专利成果

类别	序号	专利号
授权发明专利	1	《历史保护建筑物破碎型多裂缝地坪石材的原物无痕修复方法 ZL200910047363.1》
	2	《薄壁艺术 GRC 板内腔无收缩填充方法 ZL200910049911.2》
	3	《多线段艺术 GRC 板无缝安装工艺 ZL200910052396.3》
	4	《历史建筑工艺品扫金修复工艺 ZL200710172838.9》
	5	《历史建筑木制品裂纹漆修复工艺 ZL200710172839.3》
	6	《艺术玻璃及其制造方法 ZL201410619687.7》
	7	《木梁柱荷载传递变形网格化信息监摔方法 ZL201110026854.3》
	8	《使用 GRC 装饰板对桥梁进行抗震装饰的方法 ZL200910049912.7》
	9	《GRC 板表面仿清水混凝土涂饰技术 ZL200910054859.X》
	10	《一种塔桅结构升降机构的工作方法 ZL201910634864.1》
	11	《历史建筑外墙拉毛、压毛粉刷墙面的做旧方法 ZL201811062527.1》
	12	《一种历史建筑墙体分块式切割拆除方法 ZL201910505835.5》
	13	《一种历史建筑艺术清水墙整体迁移的施工方法 ZL201910505861.8》
	14	《历史建筑外墙鹅卵石粉刷墙面的做旧方法 ZL201811061780.5》
	15	《历史建筑外墙水刷石粉刷墙面的做旧方法 ZL201811062346.9》

（续表）

类别	序号	专利号
授权发明专利	16	《一种用于历史建筑清水墙的复合 L 型混凝土板的制作方法 ZL201910506370.5》
	17	《历史建筑外墙清水砖或泰山砖的做旧方法 ZL201811062405.2》
	18	《高耸贵金属塔桅无触点吊具 ZL201610190280.6》
	19	《高耸贵金属塔桅无触点吊具的安装方法 ZL201610191760.4》
	20	《盲穿安装导向结构的安装方法 ZL201610190278.9》
	21	《高耸贵金属塔桅吊具系统 ZL201610191333.6》
	22	《高耸贵金属塔桅无触点吊具系统的安装方法 ZL201610191743.0》
	23	《高耸贵金属塔桅无触点吊具系统 ZL201610191347.8》
	24	《罩入式双法兰盘螺栓盲穿安装导向结构 ZL201610191741.1》
	25	《高耸贵金属塔桅吊具系统的安装方法 ZL201610191698.9》
	26	《双层窗户的联动装置及形成双层窗户的方法 ZL201310655197.8》
	27	《双层窗户及双层窗户的清洁方法 ZL201310655975.3》
	28	《历史建筑工艺品扫金修复工艺 ZL200710172838.9》
	29	《历史建筑木制品裂纹漆修复工艺 ZL200710172839.3》
授权实用新型专利	30	《一种建筑物结构改造信息化监测系统 ZL200720077259.1》
	31	《一种应用于建筑改造梁、柱卸载的托换工具 ZL201120016617.4》
	32	《一种具有防水功能的历史建筑单元化墙体 ZL201920877973.1》
	33	《一种用于防止外墙单元板块倾斜的支撑牛腿 ZL201920877979.3》
	34	《一种清水墙支撑结构 ZL201920877980.1》
	35	《一种用于清水砖墙的 L 型外包墙体 ZL201920878007.1》
	36	《一种历史建筑墙体临时加固用的吊装保护架 ZL201920878478.2》
	37	《一种历史建筑单元墙体的加固结构 ZL201920878486.0》
	38	《一种历史建筑单元化隔墙的临时加固装置 ZL201920878491.8》
	39	《历史建筑外墙清水砖、泰山砖的做旧结构 ZL201821489064.2》
	40	《历史建筑外墙拉毛、压毛粉刷墙面的做旧结构 ZL201821492812.2》
	41	《历史建筑外墙移卵石粉刷墙面的做旧结构 ZL201821492046.X》
	42	《历史建筑外墙水泥砂浆或混合砂浆墙面的做旧结构 ZL201821492026.2》
	43	《历史建筑外墙水刷石粉刷墙面的做旧结构 ZL201821492029 6》
	44	《艺术玻璃 ZL201420659371.6》
	45	《建筑工程玻璃栏板水平承载力安全检测装置 ZL201120468497.1》
	46	《锥筒体空间无动力下沉式作业平台 ZL200720071055.7》
	47	《透光云石以及由该透光云石构成的装饰单元 ZL200720071096.6》
	48	《一种石库门历史建筑拆卸加固装置 ZL202222908166.6》
	49	《一种具有防水功能的历史建筑单元化墙体 ZL201920877973.1》
	50	《一种用于防止外墙单元板块倾斜的支撑牛腿 ZL201920877979.9》
	51	《一种清水墙支撑结构 ZL201920877980.1》
	52	《一种用于清水砖墙的 L 型外包墙体 ZL201920878007.1》
	53	《一种历史建筑墙体临时加固用的吊装保护架 ZL201920878478.2》
	54	《一种历史建筑单元墙体的加固结构 ZL201920878496.0》

（续表）

类别	序号	专利号
授权实用新型专利	55	《一种历史建筑单元化隔墙的临时加固装置 ZL201920878491.8》
	56	《一种塔桅结构升降操作平台 ZL201921100899.9》
	57	《一种塔桅结构升降辅助架油泵 ZL201921101240.5》
	58	《一种塔桅结构升降机构 ZL201921100897.X》
	59	《一种塔桅结构升降内外架子 ZL201921101206.8》
	60	《一种仿历史建筑艺术装饰镂空红砖墙体结构 ZL201921178171.8》
	61	《一种仿历史建筑红砖效果的艺术镂空单元式装饰墙体结构 ZL201921178173.7》
	62	《历史建筑外墙清水砖、泰山砖的做旧结构 ZL201821489064.2》
	63	《历史建筑外墙拉毛、压毛粉刷墙面的做旧结构 ZL201821492812.2》
	64	《历史建筑外墙鹅卵石粉刷墙面的做旧结构 ZL201821492046.X》
	65	《历史建筑外墙水泥砂浆或混合砂浆墙面的做旧结构 ZL201821492026.2》
	66	《历史建筑外墙水刷石粉刷墙面的做旧结构 ZL201821492029.6》
	67	《高耸贵金属塔桅无触点吊具 ZL201620255675.5》
	68	《盲穿安装导向结构 ZL201620256155.6》
	69	《高耸贵金属塔桅吊具系统 ZL201620255653.9》
	70	《带导向杆的下法兰盘 ZL201620256151.8》
	71	《无接触保险支撑结构 ZL201620256145.2》
	72	《爪状插入式悬挑受力杠杆支撑结构 ZL201620255689.7》
	73	《三点支撑平衡结构 ZL201620255708.6》
	74	《高耸贵金属塔桅无触点吊具系统 ZL201620255672.1》
	75	《罩入式双法兰盘螺栓盲穿安装导向结构 ZL201620256142.9》
	76	《适用于保护历史建筑的双层窗户的联动装置 ZL201320800167.7》